彩图 1　黄鳝

彩图 2　深黄大斑鳝

彩图 3　雌鳝体侧均匀分布的色斑

彩图 4　雄鳝体侧色斑带

彩图 5　水葫芦（又名凤眼莲）

彩图 6　水花生（又名喜旱莲子草）

彩图 7　油草

彩图 8　黄粉虫幼虫

彩图 9　黄鳝的肠炎病

彩图 10　黄鳝的出血病

彩图 11　黄鳝血液中的锥体虫

彩图 12　黄鳝肠道内的寄生虫

彩图 13　黄鳝肠道内取出的毛细线虫

彩图 14　黄鳝旋转病
（以"O"状旋转）

彩图 15　黄鳝旋转病
（以"S"状旋转）

高效养殖致富
直通车

高效养黄鳝

主　编　丁　雷　王雪鹏

参　编　焦洪超　王　慧　宋憬愚　陈红菊

机 械 工 业 出 版 社

本书从养殖户的实际需要出发，系统地介绍了黄鳝人工养殖技术，包括：黄鳝的形态特征和生态习性、营养价值和药用价值，黄鳝的市场前景，黄鳝的繁殖技术，苗种培育技术，成鳝的各种养殖技术，活饵料的培养技术，黄鳝的疾病防治技术以及捕捞和运输方法等。

书中介绍了大量的养殖实例，为读者在具体养殖实践中提供借鉴和参考。本书还配有"提示"、"注意"等小栏目，方便读者迅速抓住养殖的重点、要点。

本书可供水产养殖户、养殖单位及水产科技工作者使用。

图书在版编目（CIP）数据

高效养黄鳝/丁雷，王雪鹏主编. —北京：机械工业出版社，2014.1
（2025.3 重印）
（高效养殖致富直通车）
 ISBN 978-7-111-43448-1

Ⅰ.①高… Ⅱ.①丁…②王… Ⅲ.①黄鳝属-淡水养殖 Ⅳ.①S966.4

中国版本图书馆 CIP 数据核字（2013）第 168542 号

机械工业出版社（北京市百万庄大街 22 号　邮政编码 100037）
总 策 划：李俊玲　张敬柱
策划编辑：郎　峰　高　伟　责任编辑：郎　峰　高　伟
版式设计：常天培　　　　　责任校对：陈　越
责任印制：单爱军
北京虎彩文化传播有限公司印刷
2025 年 3 月第 1 版第 10 次印刷
140mm×203mm · 5.375 印张 · 2 插页 · 130 千字
标准书号：ISBN 978-7-111-43448-1
定价：25.00 元

电话服务　　　　　　　　网络服务
客服电话：010-88361066　机 工 官 网：www.cmpbook.com
　　　　　010-88379833　机 工 官 博：weibo.com/cmp1952
　　　　　010-68326294　金 书 网：www.golden-book.com
封底无防伪标均为盗版　机工教育服务网：www.cmpedu.com

高效养殖致富直通车
编审委员会

主　　　任　赵广永

副 主 任　何宏轩　朱新平　武　英　董传河

委　　　员（按姓氏笔画排序）

丁　雷　刁有江　马　建　马玉华　王凤英　王自力

王会珍　王凯英　王学梅　王雪鹏　占家智　付利芝

朱小甫　刘建柱　孙卫东　李和平　李学伍　李顺才

李俊玲　杨　柳　吴　琼　谷风柱　邹叶茂　宋传生

张中印　张素辉　张敬柱　陈宗刚　易　立　周元军

周佳萍　赵伟刚　南佑平　顾学玲　曹顶国　盛清凯

程世鹏　熊家军　樊新忠　魏刚才

秘 书 长　何宏轩

秘　　　书　郎　峰　高　伟

序

　　改革开放以来，我国养殖业发展非常迅速，肉、蛋、奶、鱼等产品产量稳步增加，在提高人民生活水平方面发挥着越来越重要的作用。同时，从事各种养殖业也已成为农民脱贫致富的重要途径。近年来，我国经济的快速发展为养殖业提出了新要求，以市场为导向，从传统的养殖生产经营模式向现代高科技生产经营模式转变，安全、健康、优质、高效和环保已成为养殖业发展的既定方向。

　　针对我国养殖业发展的迫切需要，机械工业出版社坚持高起点、高质量、高标准的原则，组织全国20多家科研院所的理论水平高、实践经验丰富的专家学者、科研人员及一线技术人员编写了这套"高效养殖致富直通车"丛书，范围涵盖了畜牧、水产及特种经济动物的养殖技术和疾病防治技术等。

　　丛书应用了大量生产现场图片，形象直观，语言精练、简洁，深入浅出，重点突出，篇幅适中，并面向产业发展需求，密切联系生产实际，吸纳了最新科研成果，使读者能科学、快速地解决养殖过程中遇到的各种难题。丛书表现形式新颖，大部分图书采用双色印刷，设有"提示""注意"等小栏目，配有一些成功养殖的典型案例，突出实用性、可操作性和指导性。

　　丛书针对性强，性价比高，易学易用，是广大养殖户和相关技术人员、管理人员不可多得的好参谋、好帮手。

　　祝大家学用相长，读书愉快！

中国农业大学动物科技学院

2014 年 1 月

一直以来，黄鳝以其口味鲜美，营养价值丰富，药用价值较高，受到我国及周边各国人民的喜爱。民间有"夏吃一条鳝，冬吃一枝参"、"小暑黄鳝赛人参"的说法。黄鳝是我国传统的出口水产品之一，在国内市场和国际市场的硬性需求量都很大。随着需求量的不断上升，其价格也越来越高，黄鳝的市场前景为大多数业内人士看好。

在我国，黄鳝的自然资源原本非常丰富，然而，随着国内外市场对黄鳝的需求量大幅度上升，捕捞强度的不断加大，野生黄鳝资源已日见匮乏，天然捕捉的黄鳝个体越来越小，数量也越来越少。单纯靠自然水域的黄鳝已远远不能满足国内外市场的需求，大力发展黄鳝养殖业成为解决问题的必由之路。

21 世纪初，许多大专院校、水产科研院所及生产单位对黄鳝生物学特性、人工繁殖技术和全人工养殖技术做了大量的探索研究，为黄鳝的人工养殖开辟了新前景。特别是在长江流域和珠江流域盛产黄鳝的地区，生产者利用各种水体饲养或暂养黄鳝，发展了多种养殖形式。近几年的养殖实践证明，黄鳝养殖具有方法简便、占地面积少、饲料来源广、养殖周期短、市场价值高、见效快、经济效益显著等特点，是农村致富较理想的"短、平、快"项目之一。

笔者根据多年的养殖和研究实践，在查阅大量专业文献的基础上，编写了这本《高效养黄鳝》。希望本书能为广大养殖户提供技术上的帮助，也为黄鳝养殖技术的推广略尽绵薄之力。本书所用药物及其使用剂量仅供读者参考，不可照搬。在生产实际中，所用药物学名、常用名和实际商品名称有差异，药物浓度也有所不同，建议读者在使用每一种药物之前，参阅厂家提供的产品说明以确认药物用量、用药方法、用药时间及禁忌等。购买兽药时，执业兽医有责任根据经验和对患病动物的了解决定用药量及选择最佳治疗方案。由于笔者水平有限以及黄鳝养殖技术的迅速发展，书中若有疏漏或过时之处，恳请读者来信指出，以便再版时加以修正完善。

编著者

目录

第五章　黄鳝活饵料的采捕和养殖

第六章　黄鳝的病害防治

第一章
认识黄鳝

黄鳝俗称鳝鱼、长鱼、蛇鱼、血鳝、罗鳝、无鳞公子等，属温带、亚热带鱼类，广泛分布于亚洲东部及南部。黄鳝以其肉质细嫩、味美刺少、营养丰富、药用价值高，而且别具风味，受到各国人民的普遍喜爱。

第一节　黄鳝的形态特征和生态习性

一　形态特征

黄鳝属于脊索动物门、硬骨鱼纲、合鳃目、合鳃科、黄鳝属。有报道称，我国分布两种黄鳝属鱼类，一种即为常见的黄鳝；还有一种为山黄鳝，目前只在云南陇川县有分布，国内其他地区没有分布。

黄鳝身体细长呈蛇形，体前部浑圆，后部稍侧扁，尾短而尖。头大，长而圆，锥形，吻尖。口大，端位，上颌稍突出，唇颇发达。上下颌及口盖骨上都有细齿。眼小，为一薄皮所覆盖。左右鳃孔于腹面合而为一，呈"V"形。鳃膜连于鳃峡。体表一般有润滑液体，方便逃逸，全体裸露无鳞。无胸鳍和腹鳍；背鳍和臀鳍退化仅留皮褶，无软刺，都与尾鳍相联合（彩图1）。

黄鳝一般体长 25 ~ 40cm，最大体长可达 70cm，最大体重可达 1.5kg。

正常的黄鳝，体色大多是黄褐色、微黄或深黄，有黑褐色斑点。由于环境和地域的不同，目前市场上还有土红色、青灰色和灰色等不同体色的黄鳝。《本草求原》记载，鳝鱼有黄青两种体色，黄者俗名黄鳝，青者俗名藤鳝、风鳝。也有少许鳝鱼是白色，俗称"白鳝"。

二 生态习性

1. 分布

在中国，除西部高原外，黄鳝广泛分布于各地的湖泊、河流、水库、池沼、沟渠等水体中，特别是珠江流域和长江流域，更是盛产黄鳝。在国外，黄鳝的分布达朝鲜西部、日本南部、菲律宾、爪哇、缅甸、泰国、印度尼西亚、印度及菲律宾等地。

2. 生活习性

黄鳝营底栖生活，适应能力强，在河道、湖泊、池塘、沟渠及稻田中都能生存。除了具有一般鱼类的特性外，黄鳝还具有一些特殊的生活习性。

（1）洞穴生活 黄鳝在多腐殖质的淤泥中钻洞或在堤岸有水的石缝中穴居，也能利用漂浮在水面的水草丛作为栖息场所。白天很少活动，夜间出穴觅食。黄鳝的穴洞是用头钻成的，其内弯曲多叉，每个洞穴都有两个或更多的洞口，洞口一般相距 60～90cm。一个洞口在水中，供外出觅食或作临时的退路；另一个洞口通常高出水面 10～30cm，便于黄鳝在洞中呼吸。在水位变动较大的水体中，黄鳝有时会钻 4～5 个洞口，以备水位变动时使用。

（2）喜暗怕光 黄鳝营底栖生活，视觉极度退化，眼睛被皮膜覆盖，只能稍稍感光，因此喜暗怕光，昼伏夜出。白天很少活动，往往在水草丛中、泥洞或石缝间休息，夜晚则趴伏在泥洞口或出洞觅食。觅食时，黄鳝主要依靠灵敏的嗅觉和皮肤触觉寻找食物。

> 【提示】黄鳝在夜晚觅食期间，一旦感知光线，就会一动不动。根据黄鳝的这一特点，渔民常常会在夜间照捕黄鳝。

（3）**喜暖怕寒**　黄鳝属温带、亚热带鱼类，最适合黄鳝生长的温度是24～28℃。一般当水温低于10℃时，黄鳝就会停止摄食，钻入洞穴中越冬，不吃不喝达数月之久。当水温回升到10℃以上时，恢复觅食。而当水温高于32℃时，大部分黄鳝也会停止摄食，藏于洞穴中。

（4）**耐低氧能力强**　黄鳝的鳃极度退化，因此呼吸水中溶氧的能力大大降低，其主要呼吸方式是借助口腔及喉腔的内壁表皮作为呼吸的辅助器官，直接呼吸空气。如果水中溶氧量丰富，黄鳝也可依靠口咽腔呼吸水中的溶氧，在水中溶氧量十分贫乏时，也能生存。出水后，只要保持皮肤湿润，数日内亦不会死亡。因此，黄鳝耐低氧能力远远强于一般鱼类，其对溶氧量的要求为2mg/L。黄鳝因其耐低氧能力强，特别适于长途运输和高密度养殖。但在养殖水体中，当水位过高时，黄鳝长期无法将头部伸出水面呼吸，时间长了就会闷死。因此，养鳝池塘一般水位保持在10～20cm为宜。

3. 食性

黄鳝是偏动物性食性的杂食性鱼，喜欢吃活饵料，食性贪婪，一次摄食量大，但当食物缺乏时，数十天不食也不会死亡，耐饥能力较强。在天然水域中，处于不同生长发育阶段的黄鳝，其食物组成也不同。鳝苗阶段，其主要食物以原生动物、轮虫、枝角类、桡足类等小型浮游动物为主，也摄食一些浮游植物，如硅藻、黄藻、绿藻、裸藻等；幼鳝阶段，其生活方式逐渐转为底栖，因此食物也逐渐转变为各种水陆生蠕虫、昆虫及其幼虫，如水丝蚓（红虫）、摇蚊幼虫以及各种蜻蜓幼虫或动物卵；成鳝阶段，黄鳝已经成长为贪食的肉食性动物，主要食物包括各种小鱼、小虾、水陆生蚯蚓、昆虫及其幼体、幼蛙等。

在人工养殖条件下，其食性更广，可投喂各种螺蚌肉、动物屠宰下脚料、动物内脏、熟动物血、蚕蛹、黄粉虫、蝇蛆、各种小杂鱼虾等动物性饲料，也可投喂各种瓜菜、麸皮、煮熟的麦粒以及配合饲料等。黄鳝摄食主要依靠灵敏的嗅觉和皮肤触觉，因此投喂给黄鳝的食物最好具有较强的膻腥气味，以便黄鳝容易摄食。

自然条件下，黄鳝一般昼伏夜出，晚上才出洞觅食，而且觅食时也是独来独往，较分散。因此，没有经过驯化的黄鳝，在养殖时要夜晚投食，而且食物要尽量均匀撒在池塘中。而有经验的养殖户，可以通过"驯食"的方法，将黄鳝的摄食时间改到白天。

> ⊙ 【提示】 黄鳝是凶猛的肉食性鱼类，在高密度人工养殖时，如果饵料投喂不足，会引起其自相残杀或争食，导致不必要的损伤。因此，高密度养殖黄鳝时，必须大小分档，分池饲养。

4. 繁殖习性

黄鳝雌雄异体，但在个体发育中，具有雌雄性逆转的特性，即从胚胎期到初次性成熟时都是雌性；产卵后卵巢逐渐变为精巢而成为终生雄性。因此，体长在25cm以下的黄鳝个体几乎绝大多数为雌性，体长在25～45cm时，部分性逆转，雌雄个体均有；成长至45cm以上者则绝大多数为雄性。雌黄鳝在1龄时就可达到性成熟，其怀卵量最低可达200粒左右，最高可达1 000粒左右，通常为300～800粒，具体怀卵量与黄鳝的年龄、体重、营养状况以及产地密切相关。

黄鳝每年的繁殖季节为5～8月，繁殖盛期为6～7月。繁殖前，亲鳝先在泥埂边钻一个繁殖洞。繁殖洞与穴居洞不同，其洞穴的结构比较复杂，可分前洞、后洞和岔洞，出洞口有3～4个。洞口通常开于田埂的隐蔽处，洞口下缘2/3没于水中。在水田中央的洞，离地面深约3～4cm，并向横向发展。前洞比较宽阔，用于产卵，洞的上下距离约4.5cm，横向距离可达10cm，前洞的长度约为亲鳝体长的1～5倍。后洞细长，约为亲鳝体长的3～4倍。

产卵前，亲鳝要吐出泡沫筑巢，然后雌鳝将卵产于巢上，随之雄鳝在巢上排精，卵在泡沫巢中受精孵化，这样可以大大提高卵的受精率和孵化率。这是因为：一是泡沫能有效保护卵，避免其被敌害生物发现、破坏或吞食；二是泡沫能延长精子的寿命，明显增加受精概率和时间，提高受精率；三是泡沫能增加受精卵的浮力，使受精卵漂浮于水面，保证孵化期间有充足的溶氧和较高的水温，提高孵化率。

雌雄亲鳝完成产卵受精后，雌鳝一般会马上离开繁殖洞，而雄鳝则有护卵的习性。雄鳝会一直守护在泡沫巢旁，直到仔鳝出膜数天后卵黄囊消失，并能自由游泳摄食。在此期间，雄鳝十分敬业，即使受到惊吓也不会离开，甚至还会奋力攻击来犯者。繁殖结束后，产卵时的洞穴不再利用，会另辟新洞或利用其他洞穴。

黄鳝胚胎发育的最适温度为 21 ~ 28℃。同大多数鱼类的胚胎发育时间相比，黄鳝受精卵的胚胎发育时间较长，一般需 5 ~ 11 天。在适宜水温中，胚胎发育时间随温度的增加而缩短。一般水温 28℃左右时，5 ~ 7 天仔鳝便可出膜。孵化期间，要求水温稳定，溶氧充足。在自然水域中，正常情况下，黄鳝卵的受精率和孵化率可达到95% 左右。刚刚出膜的仔鳝个体大，对环境的耐受力较强。在室内静水中的仔鳝，不摄食也能存活两个月之久。

第二节　黄鳝的养殖价值

一　营养价值

黄鳝具有很高的营养价值，其肉质细嫩、味美刺少、营养丰富，而且别具风味。黄鳝可食部分达 65% 以上，可做成多种佳肴美味，如红烧鳝片、油溜鳝片、油卤鳝松和鳝鱼火锅等美味佳肴，深受群众欢迎。经测定，每百克黄鳝可食部分含蛋白质18.8g，脂肪0.9 ~ 1.2g，钙42mg，磷150mg，钾263mg，铁1.6mg，硒34.56μg，维生素 A 5 000 国际单位，维生素 B_1（硫胺素）0.06mg，维生素 B_2（核黄素）0.98mg，维生素 B_3（烟酸）3.7mg。在 30 多种常见的淡水鱼类中，黄鳝的蛋白质含量位居第三，钙和铁的含量居首位。黄鳝是一种高蛋白、低脂肪的食物，更是中老年人理想的滋补品。

黄鳝的脂肪中富含卵磷脂。它是构成人体各器官组织中细胞膜的主要成分，而且是脑细胞不可缺少的营养，能降低血脂、改善血液循环、抑制血小板聚集，对防治动脉粥样硬化、预防血栓形成、提高大脑活力、改善视力、延缓衰老等具有一定的作用。根据美国试验研究资料，经常摄取卵磷脂，记忆力可以提高20%。故食用鳝鱼肉有补脑健身的功效。国内外学者研究发现，黄鳝中含有丰富的DHA（俗称脑黄金）和 EPA（鱼油的主要成分），这两种物质具有抑制心血管病和抗癌、消炎的作用，是很重要的营养保健物质。

黄鳝不仅被当做名菜用来款待客人，还能活运出口，畅销国外，更有冰冻鳝鱼远销美洲等地。黄鳝一年四季均产，但以小暑前后所产最佳，民间有"夏吃一条鳝，冬吃一枝参"、"小暑黄鳝赛人参"的说法，这与日本素有"三伏天吃烤鳝鱼片"的习俗相一致。

二 药用价值

黄鳝不仅为席上佳肴，其肉、血、头、皮均有一定的药用价值。黄鳝所含的特种物质"鳝鱼素"，有清热解毒、凉血止痛、祛风消肿、润肠止血等功效，能调节血糖，对痔疮、糖尿病有较好的治疗作用，加之其所含脂肪极少，因而是糖尿病患者的理想食品。

黄鳝体内的维生素 A 含量高得惊人。维生素 A 可以增进视力，促进皮膜的新陈代谢，日本称"鳝鱼是眼药"。由此可见，对于眼病患者，多食鳝鱼是大有益处的。少年儿童多吃点鳝鱼，对预防或治疗近视眼病有重要意义。

据《本草纲目》记载，黄鳝有补血、补气、消炎、消毒、除风湿等功效。黄鳝肉性味甘、温，有补中益血，治虚损之功效，民间用以入药，可治疗虚劳咳嗽、湿热身痒、痔瘘、肠风痔漏、耳聋等症。黄鳝头煅灰，空腹温酒送服，能治妇女乳核硬痛。其骨入药，兼治臁疮，疗效颇显著。其血滴入耳中，能治慢性化脓性中耳炎；滴入鼻中可治鼻出血；特别是外用时能治口眼歪斜，颜面神经麻痹。常吃鳝鱼有很强的补益功能，特别对身体虚弱、病后以及产后之人更为明显。它的血有补气养血、温阳健脾、滋补肝肾、祛风通络等医疗保健功能，入药可治疗口眼歪斜、耳疼。《本草求原》记载，鳝鱼有黄青两种，黄者俗名黄鳝，青者俗名藤鳝、风鳝，甘温小毒，善穿深潭，冬寒穴里始得，治痛痢、腰背脚湿风、五痔、肠风、下血、带下、阴疮。孕妇忌。白鳝，味亦美，然生痰滑精。

鳝鱼血清有毒，误食会对人的口腔、消化道黏膜产生刺激作用，严重的会损害人的神经系统，使人四肢麻木、呼吸和循环功能衰竭而死亡。但毒素不耐热，加热即可破坏，一般煮熟食用不会发生中毒。民间用鳝鱼血治病，是否为血中毒素的作用所致，尚待深入研究。

⚠️ 【注意】 由于黄鳝的体内含有很多组氨酸，一旦死后组氨酸很快就会转化为一种有毒物质——组胺，因此，不能食用死黄鳝。

三 市场前景和养殖效益

一直以来，黄鳝以其口味鲜美，营养价值丰富，药用价值较高，受到我国及周边各国人民的喜爱，是我国传统的出口水产品之一。在国内市场和国际市场的硬性需求量都很大。国内外对黄鳝的需求量不断上升，其价格也越来越高。20世纪80年代，我国年出口黄鳝800吨。到90年代逐渐上升至1 000多吨，最高达2 000多吨。近几年供不应求，货源不足，出口量减少。在日本市场上，黄鳝的价格曾一度比鳗鱼还贵。在国内，随着人们生活水平的提高，对黄鳝的需求量也不断增加，其价格也在较大幅度上涨。全国的鳝鱼价格已涨到60元/kg左右。2013年7月3日，全国各地水产批发市场，黄鳝（小于300g）最高价格为75元/kg，最低价格为36元/kg。因此，黄鳝的市场前景为大多数业内人士看好。

我国的黄鳝自然资源原本非常丰富，无论出口或内销，都主要依靠天然捕捉的黄鳝。然而，随着捕捞强度不断加大，野生黄鳝资源已日见匮乏，天然捕捉的黄鳝个体越来越小，数量越来越少，已远远不能满足国内外市场需求，因此大力发展黄鳝养殖业已成为必然之举。

20世纪80年代，山东、安徽、江苏、湖南、湖北、四川等地区，涌现出大批养鳝个体户，虽然养殖规模不大，但总体产量较高。然而，后来大都放弃养鳝，这是为什么呢？主要是由于黄鳝的苗种有限、配套饵料不足和病害防治等技术问题尚未解决。21世纪初，许多大专院校、水产科研院所及生产单位对黄鳝生物学特性、人工繁殖技术和全人工养殖技术开展了大规模的研究探索，为黄鳝的人工养殖开辟了新前景。特别是在长江流域和珠江流域地区，许多个体户、合作社与科研机构合作，利用各种水体养殖黄鳝，发展了多种养殖形式，如稻田养鳝、网箱养鳝、水泥池养鳝及农村的坑塘养鳝、庭院养鳝、无土流水养鳝、鳝蚓合养、鳝鳅合养等，虽然个体养殖规模依旧不大，但这些不拘形式饲养的水体，却大量而广泛地遍及农村、城镇、山乡，其总面积和产量相当可观。

目前，随着市场消费需求的变化，农副水产品结构的调整，我国黄鳝的养殖业已开始向集约化、规模化、商品化的方向发展。近几年的人工养殖实践证明，黄鳝养殖具有方法简便、占地面积少、饲料来源广、养殖周期短、市场价值高、见效快、经济效益显著等特点，是农村致富较理想的"短、平、快"项目之一。

第二章
黄鳝的繁殖

目前，国内黄鳝的繁殖有自然繁殖和人工繁殖两种方法，人工繁殖的主要方式也有两种，即生态（半人工）繁殖和全人工繁殖。

自然繁殖，技术简单，容易实行，缺点是产卵不集中，繁殖时间长，不利于集中生产；生态繁殖，对亲鳝损伤少，可重复利用亲鳝，技术相对简单，而且受精率和孵化率都较高；全人工繁殖，技术复杂，授精时要杀死亲鳝，亲鳝不能重复利用，再者目前其受精率和孵化率也有待提高。因此，目前国内养殖户多采用生态繁殖的方式进行黄鳝繁殖。

第一节　影响黄鳝繁殖的因素

一　亲鳝的品系和个体大小

目前，国内报道的黄鳝自然种群中，常见的有深黄大斑鳝（彩图2）、土红大斑鳝、浅黄细斑鳝（青黄斑鳝）、青斑鳝和灰色黄鳝5个品系。深黄大斑鳝和土红大斑鳝背部体色深黄或土红色，全身布满不规则褐黑色大斑点，且排列成线，形成3条由较大斑点排列成的线，腹部花纹较浅；浅黄细斑鳝（青黄斑鳝）背部体色浅黄，全身分布着不规则的褐黑色细密的小斑点。腹部花纹较浅；青斑鳝体色呈青灰色，身上有褐黑色细密斑纹；灰色黄鳝体表泥灰色，背部体表花纹不明显，腹部布满花纹且颜色较深。

深黄大斑鳝和土红大斑鳝是国家行业标准《无公害食品 黄鳝养殖技术规范》（NY/T 5169—2002，该标准名称中"NY"指农业，"T"指推荐，即该标准为推荐标准，非强制标准。）推荐养殖的黄鳝，在人工养殖条件下，其增重倍数可达 4～5 倍，且怀卵量高，容易适应人工环境。其他鳝种生长速度慢，怀卵量低，不宜适应人工环境，也不适宜进行人工繁殖。

亲鳝的个体大小也是决定繁殖力的重要因素。黄鳝个体怀卵量在 353～2 084 粒之间，不同体长、体重的个体，怀卵量不同。随着个体的增大，其怀卵量增加。

二　水温

自然环境中，黄鳝的繁殖期为每年的 5～8 月，繁殖盛期为 6～7 月。一定的范围内升高温度可以促进性腺的发育，在 17℃较 12℃长期培育亲鳝，其性腺系数、卵径、绝对怀卵量、相对怀卵量均显著提高。在黄鳝繁殖盛期，稻田黄鳝产卵地的水深为 13.70～14.63cm，洞内水温 24.7～30.8℃，且在一定的时期保持恒定。实践证明，水温在 25～28℃时，雌鳝性腺发育度较好；水温 26℃以上时，雄鳝性腺发育度较好。因此，黄鳝的最佳繁殖水温应为 26～28℃。

黄鳝的胚胎发育最适温度为 21～28℃。同大多数鱼类的胚胎发育时间相比，黄鳝受精卵的胚胎发育时间较长，一般需 5～11 天。在适宜水温中，胚胎发育时间随温度的增加而缩短。一般水温在 26～28℃时，仔鳝出膜时间为 6～7 天；而水温在 28℃左右时，仔鳝出膜时间为 5～7 天，最长时间可达 9～11 天。孵化期间，要求水温稳定。

三　酸碱度

自然水域中，黄鳝繁殖前，亲鳝先挖繁殖洞。繁殖洞穴泥土的 pH 为 5.6～8.2，其平均值为 6.73±1.012，在 6.1～7.2 范围之内的占 50%。表明黄鳝产卵繁殖地的泥土接近中性或偏酸性。另外，分别实测得到各个繁殖洞的水的 pH 为 5.5～7.0。进一步表明黄鳝产卵对水的 pH 要求也是中性或偏酸性。

四　营养状况

亲鳝怀卵量的大小、产卵率、卵的质量和受精率都取决于亲鳝性腺成熟度，而亲鳝的性腺成熟度除受水温的影响外，亲鳝的营养状况是另一个关键因素。黄鳝是偏肉食的杂食性鱼类，对饵料的要求较高。亲鳝饵料中含 40% 的蛋白质时，能显著提高亲鳝卵的孵化率以及所孵仔鱼的生长速度和成活率。

如果雌鳝饲料中缺乏维生素 E，卵巢中肝蛋白（超氧化物歧化酶，SOD）活性较高，会引发卵子脂质过氧化，进而使丙二醛（MDA）含量显著提高，导致卵质低下，从而影响了卵子孵化。在饲料中添加维生素 E（$200 \sim 350 mg/kg$）能显著提高繁殖期亲鳝的性腺系数、产卵力、孵化率和仔鱼质量。雌鳝饲料中维生素 E 最适添加量为 $200 mg/kg$。

二氢吡啶具有抗氧化作用，能防止脂质的氧化酸败，显著降低亲鳝卵巢、肝脏以及肌肉各组织中肝蛋白活性和丙二醛含量。饵料中添加 $150 mg/kg$ 二氢吡啶，亲鳝的性成熟系数、绝对怀卵量、受精卵孵化率明显提高。

五　放养密度和性别比例

黄鳝在高密度群栖状况下，一般不会产卵。黄鳝群体密度一旦超过 10 尾$/m^2$ 左右，就会自我抑制繁殖。而群体密度一旦降到 3 尾$/m^2$ 左右时，就大量吐出泡沫或迅速产卵，这就是人工高密度养殖的黄鳝不会产卵的症结所在。

放养亲鳝的雌雄比例也决定了亲鳝的产卵效率。自然条件下，繁殖季节的黄鳝在整个生殖时期是雌多于雄，生态繁殖中亲鳝雌雄比例宜为（$1 \sim 1.5$）:1。其他众多研究都表明，雌雄（$2 \sim 3$）:1 的性别比例应该是较为合理的。

放养密度和性别比例两种因素相比较，放养密度对亲鳝繁殖的影响更为直接，是影响黄鳝自然产卵的关键因素。

六 生态环境

生态环境对黄鳝的繁殖影响也较大。亲鳝出于护卵、护仔的天性，除要求繁殖环境安静、饵料充足等条件外，对其产卵的场所也有特殊的要求。繁殖池要求有泥底，便于黄鳝挖繁殖洞。用人工鱼巢代替泥底，用于黄鳝产卵也取得了不错的效果。

其次，黄鳝胆小怕惊，因此产卵池要移植大量水草，遮蔽繁殖洞或人工鱼巢，给黄鳝创造类似自然环境的产卵场所。泥底或人工鱼巢、移植水草在黄鳝生态繁殖中至关重要，缺一不可。

第二节　亲鳝的准备

亲鳝的选择和强化培育是黄鳝人工繁殖成败的关键。

一 亲鳝的选择

1. 亲鳝的来源

亲鳝的来源有 3 种途径：一是自己培养达到性成熟的雌鳝和已完成性逆转的雄鳝；二是从湖泊、沟渠、稻田等自然水域捕来的野生鳝；三是从市场上购买性成熟的黄鳝。

有条件的养殖户最好是自己培育亲鳝，因为自己培养的亲鳝无论从质量上还是数量上都能得到保证，也不会带来新的传染病病源。从外界捕捉和购买的亲鳝也很重要，可以避免黄鳝近亲繁殖。由于黄鳝会呼吸空气，运输容易，所以夏、秋季节都可捕捉。夏季捕捉的黄鳝进入养殖场后，有较长的适应期，饵料来源广，鲜活饵料多，性腺发育充分，对人工催产有利。但夏季水温高，黄鳝在捕捉和运输过程中常因剧烈挣扎而受伤。这时最好采用笼捕法。晚秋季捕捉的黄鳝受伤较少，但进入养殖场后，很快就到了冬季，适应时间短，而且由于野外食物供应不足，常常处于半饥饿状态，性腺发育不够好，对人工催产不利。因此，第二年春天的强化培育十分重要。秋季捕捉黄鳝可采用笼捕、抄网捕或手捕。

2. 亲鳝的雌雄鉴别

黄鳝属于雌雄异体，但在生长发育过程中有"性逆转"的特性。

即刚出膜的黄鳝都是雌性，第1次产卵繁殖后慢慢转化为雄性。所以鉴别黄鳝雌雄可以依据以下方法（图2-1）。

（1）根据体长　处于非产卵期的黄鳝根据外形很难鉴别雌雄，可以根据体长鉴别。例如，湖南省野生黄鳝，一般全长24cm以下的个体，均为雌性。全长24～30cm的个体，雄性占5.2%；全长30～36cm的个体，雄性占41.3%；全长36～42cm的个体，雄性占90.7%；全长50cm以上的则全为雄性。不同省份，雌雄黄鳝体长有差异（表2-1）。

表2-1　不同地区雌雄黄鳝体长

地　　区	全雌最小体长/cm	雌性最大体长/cm	雄性最小体长/cm
四川	<30	—	>30
湖北	<20	52.9	>20
湖南	<24	50	>20
重庆	<20		>20
江苏	>36	54	>36
烟台、威海	>40	65	41.5
天津	<40	74	>40

（2）根据色泽　雌黄鳝头部细小，不隆起，背部没有斑纹花点，有的时候能看见3条平行的褐色素斑；身体两侧从上到下颜色逐渐变浅，褐色斑点细密而且分布均匀（彩图3）；腹部呈浅黄色或淡青色。

雄黄鳝头部相对较大，稍微鼓起，背部一般有3条由褐色斑点形成平行的带状纹，身体两侧沿中线分别可见1行色素带（彩图4），其余的色素斑点均匀分布；雄的黄鳝腹部呈土黄色，大型个体呈橘红色。

（3）根据形态　处于繁殖期的雌鳝，腹部肌肉较薄，繁殖时节用手握住，将腹部朝上，能看见肛门前面肿胀，稍微有点透明，显出腹腔内有1条7～10cm长的橘红色（或青色）卵巢，卵巢前端显有紫色脾脏。雌鳝不善于跳跃逃逸，性情较温和。

雄鳝腹部朝上，膨胀不明显，腹腔内的组织器官不突显。解剖腹腔，未成熟的精巢细长，灰白色，表面分布有色素斑点，性成熟的精巢，比原来粗大，表面有形状不一样的黑色素斑纹。

图 2-1　黄鳝的雌雄鉴别

3. 亲鳝的选择

亲鳝的品系应选择深黄大斑鳝或土红大斑鳝。

雌鳝最好选择体长 30～40cm、重 100g 以上的个体，腹部膨大，用手摸一下感觉软和、有弹性，其表面颜色是青灰色略带黄色，中央呈浅橘红色。已经成熟的雌鳝有一道紫红色的横条纹，腹部皮肤较透明，从外面能见到卵巢的大概形状，生殖孔也红肿突出。雄鳝最好要选 40cm 以上的个体，重 150g 以上；腹部有血丝样的红色斑纹；生殖孔红肿，用手轻轻地挤压腹部，能挤出一点透明的精液。

选择亲鳝，体质情况也很重要，直接影响到亲鳝的怀卵量和精、卵的质量。生产上对亲鳝的要求是体质健壮，无伤、无病、无残。一般优质亲鳝的身体"两头细，中间鼓"，头较小，躯干部略粗于头部；色泽鲜亮，斑纹或斑点较清晰；受刺激后反应灵敏，捕捉时挣扎有力，体表无伤，无寄生虫。劣质鳝的身体头大尾细，近似锥形，躯干部不及头部粗；色泽灰暗，斑纹或斑点不清晰；受刺激后反应迟钝，捕捉时挣扎无力，体表有伤或有寄生虫。

二 亲鳝的强化培育

1. 培育池的准备

亲鳝的培育可以用稻田、水泥池和土池以及网箱等。养鳝稻田和网箱的准备同成鳝养殖，这里重点讲一下水泥池和土池的准备。

（1）水泥池的准备　　水泥池面积要根据繁殖规模来确定。一般面积 $10 \sim 20m^2$，深约1m，池底用黄土、沙子和石灰混合（三合土）夯实后，铺上较松软的壤土或黏土层约 $20 \sim 30cm$，水深能保持 $20 \sim 50cm$，水泥池围墙高出水面 $60 \sim 70cm$（图2-2）。池子四周和中央筑起几道土埂，宽约20cm，高出水面稍许，埂上接近水面处种一些挺水植物，池中移植一些水葫芦（又名凤眼莲，见彩图5）、水花生（又名喜旱莲子草，见彩图6）等水生植物，一可以遮光，二可以净化水质，三是黄鳝喜欢在这些土埂边的草丛下筑巢产卵。

> 🔵 **【提示】**　新建水泥池使用前要进行脱碱处理，处理方法见第三章第二节中鳝种培育池的准备。多年使用的池子或废弃较长时间的池子用作亲鳝培育池，使用前要严格清整消毒。检查池子是否渗漏，检查进、排水设施和防逃网是否完好，发现问题，立刻修补；保持泥层在 $20 \sim 30cm$ 且池底有一定起伏，不要过于平坦。

亲鳝放养前，池子要进行消毒。消毒药物用生石灰，将生石灰按每平方米 $50 \sim 75g$，加水化开后，趁热向池底和池壁均匀泼洒。消毒后 $7 \sim 8$ 天，加水至20cm深，次日加至30cm深。毒性消失后，可以先向池中移植水葫芦、水花生等水生植物，然后再放入亲鳝。

图 2-2　水泥培育池剖面图

（图中标注：进水口、水位、出水口、淤泥层、三合土层）

（2）**土池的准备**　土池的面积要根据亲鳝数量选择，最好以保持亲鳝密度在 3～4 尾/m² 为宜，水深能保持 1.0m，淤泥深 20～25cm。进排水方便，水源充足。进水口略高于水面，排水口位于池底的最低处。

亲鳝入池前，池塘要进行清整、消毒、施肥和移植水草。

清整工作包括：检查池子是否渗漏，检查进、排水设施和防逃网是否完好，发现问题，立刻修补；清除过多的杂草，排出陈水；如果池底有机质过多或淤泥过厚，应挖出部分淤泥，保持泥层在 20～30cm；保持池底有一定起伏，不要过于平坦。

清整过后，池子要进行消毒。消毒药物用生石灰，方法有带水消毒和干池消毒两种。带水消毒是在水深 1m 的水体每亩（1 亩 = 666.7m²）用 125～150kg 生石灰，兑水化成石灰浆，趁热全池泼洒。干池消毒是先将池水排至 5～10cm 深，在池底四周挖几个小坑，将生石灰按每亩 75～100kg 倒入小坑内，加水化开后，趁热向四周均匀泼洒。为了提高消毒效果，次日可用铁耙将淤泥耙一下，使石灰浆充分与淤泥混合。消毒后 7～8 天，毒性消失，便可加注新水。此时加水不要太深，以保持 40cm 为宜。太深，不利于饵料生物和水草生长。

加水后，即可施肥。一般每亩（水深 1m）水面，可在 300kg 腐熟的粪肥中掺入过磷酸钙 40kg、碳酸氢铵 40kg 后，均匀遍洒，可以有效培肥水质，培育后饵料生物。

施肥后，要在池边和池中栽植水花生、水葫芦、轮叶黑藻等水生植物，并适量投入小叶浮萍或紫背浮萍，以长期保持池中水生植物覆盖面积占池水面积的 25% 左右为宜。水生植物的作用是供黄鳝栖息、遮阴，吸收池中过多的肥料，净化水质，维持水中微生物群体的多样性。

⚠️ **【注意】** 池塘中不要移植伊乐藻和沮草。这两种植物夏天容易枯萎死亡，败坏水质，影响幼鳝的成活率。

2. 亲鳝放养

亲鳝放养的时间应以水温达到 15℃ 以上时为宜。这时，水温适宜，亲鳝入池即可摄食，又有较长的适应期，有利于性腺发育。

选择接近成熟、体质健壮的亲鳝，每平方米放养 3~4 尾。雌雄比例为 2∶1。另外，可在亲鳝池中放养部分小泥鳅，以清除池中过多的有机质，改善水质，并能在饲料供应不足时，为亲鳝提供活饵。

在放养前应检查亲鳝的质量并进行消毒，避免使用长途运输的黄鳝，避免使用刺激性过大的消毒药物，以免黄鳝体液脱落过多，导致成活率下降。一般消毒药物可以使用聚维酮碘（含有效碘 1%）或四烷基季铵盐络合碘（季铵盐含量 50%），含量分别为 $10g/m^3$ 和 $0.1g/m^3$，浸浴 10~20min 即可。也可以用 3%~4% 的食盐溶液，在 24~26℃ 时浸浴 4~5min。水温低时，浸浴时间可长些；水温高时，浸浴时间要缩短。浸浴时，要注意观察，发现黄鳝表现异常，应立即取出。消毒后立即放入培育池。如果不能及时放养，需用清水冲洗 1~2 遍后放入浅水中暂养。

⚠️ **【注意】** 收购的野生亲鳝在下塘前可暂养在池塘网箱中，网箱中覆盖水葫芦，待黄鳝适应池水 3~5 天后，再将黄鳝放入池塘中。在此过程中，要剔除体弱、死亡的黄鳝，可以有效提高亲鳝的成活率。

3. 亲鳝培育

亲鳝入池后，水位可适当加高，约保持在 50cm，防止日间水温的急剧升高，不利于黄鳝的性腺发育。一般前 2 天不投食，至第 3 天后投喂少量蚯蚓，以便诱食。日常管理应注意三方面的问题：饵料、水质和防逃。

(1) 投饵 亲鳝培育的好坏，关键在于适口鲜活饵料的足量供给。黄鳝是典型的肉食性鱼类，在自然环境中的野生黄鳝，常常会因为营养不良而导致性腺发育迟缓。在人工养殖条件下，必须为亲鳝提供充足的优质饵料，而且最好是鲜活饵料。如小鱼、小虾、幼蛙、蜻蜓幼虫、蚯蚓、水丝蚓、螺肉、蝇蛆、面包虫等。黄鳝也喜欢摄食陆生昆虫，因此晚上在亲鳝池中装电灯，引诱飞虫，供亲鳝摄食，效果也很好。黄鳝晚上摄食量大，觅食主动，所以最好在晚上投喂。投喂量以第 2 天池底无残饵或仅有少量残饵为宜。白天投饵，要设法投在黄鳝的洞口附近，因为白天黄鳝很少出洞觅食。如果白天黄鳝出洞较远，捕食积极，说明夜间给的饵料不足，应该加大投饵量。

⚠ **【注意】** 投喂的天然饵料一定要新鲜。若是腐败变质的饵料，黄鳝只有在饥饿难忍的情况下才摄食，且容易造成剩饵，使初从事黄鳝饲养的人误认为黄鳝已经吃饱、吃好，这就大大影响了亲鳝的生长和性腺发育。同时，腐败变质的饵料也很容易败坏水质，给管理带来麻烦。

(2) 水质管理 亲鳝池要求注排水方便，保持水质清新。当水质浑浊有异味时，黄鳝摄食量减少，应该马上排出老水，注入新水。换水时要特别注意池水换水前后温差不能超过 3℃，即用手试水不应感觉到明显的差异。保持水中溶氧量不低于 4mg/L。保持水温在 20~28℃，水温高于 30℃，应采取加注新水、搭建遮阳棚、提高水生植物的覆盖面积。在黄鳝繁殖盛期，其洞内水温一般在 24~30℃，并在一定的时期保持恒定。另外，各个繁殖洞中水的 pH 范围为 5.5~7.0，表明黄鳝产卵对水的 pH 要求是中性或偏酸性的。

(3) 防逃 亲鳝个体大，逃跑能力强，晚上出洞觅食时很容易从破裂的围墙洞穴或进排水管道中逃出。因此，进排水管道一定要安装防逃网，平时巡塘一定要注意观察池塘的围墙、进排水设施是否有漏洞，若有，要及时修补。暴雨后，鳝池水位上涨，使防逃墙相对变矮，有时黄鳝也能从墙上逃走，这时要勤观察，发现情况及时采取措施。

第三节　黄鳝的繁殖

一　自然繁殖

黄鳝的自然繁殖，是指在产卵季节把雌雄亲鳝按一定比例放入亲鳝培育池，模拟适宜的自然环境，诱使它们产卵、受精，然后在培育池内自然孵化。

黄鳝产卵的时节是5~8月，产卵盛期是6~7月。放黄鳝之前，先把池子四周和中央筑起几道土埂，宽约20cm，高出水面稍许，埂上接近水面处种一些水葫芦、水花生等，一可以遮光，二可以净化水质，三是黄鳝喜欢在这些土埂边的草丛下筑巢产卵。准备好池子后，按每平方米2条雌鳝和1条雄鳝的比例放入培育好的亲鳝。放入后要禁止闲杂人员靠近池边，保持环境安静，避免人、鸟、青蛙等的骚扰，进水口要保持微流水入池，出水口要有小水量流出，进水口、出水口要绑上防逃铁丝网或塑料网布。只要条件合适，水温稳定在24℃以上后，雌鳝就能产卵。雌鳝先吐出泡沫筑成巢，然后把卵产在泡沫中，雄鳝立即排精，完成受精过程。受精卵在泡沫巢中自然孵化，一般5~11天即有仔鳝出膜。5~7天后，仔鳝卵黄囊消失，便可以摄食。这时可以捞起仔鳝进行集中培育，也可以让仔鳝在亲鳝培育池中继续生长。

> ➡ 【提示】　让亲鳝自然产卵受精，每尾雌鳝产卵的时间不一样，有的要很长时间才产，所以整个池子中雌鳝产卵时间延续很长，要等到9月以后才能捞起亲鳝另池饲养或作其他处理。

二 生态（半人工）繁殖

生态（半人工）繁殖，即根据黄鳝在野生条件下的繁殖特点，用人工方法对亲鳝进行催熟催产，然后将亲鳝按一定的雌雄比例放养在模仿自然生态环境的池塘中，使其自行筑巢、产卵、受精，充分利用自然繁殖时黄鳝吐出的泡沫巢进行受精卵孵化的一种繁殖方式。这是我国目前采用最多的黄鳝繁殖方式。

1. 亲鳝的催熟催产

催熟催产的目的是为了使亲鳝集中产卵、集中孵化。

(1) 催产药物 黄鳝对外源激素的灵敏性要低于鲤科鱼类，所需的剂量比鲤科鱼类要大近20倍，且效应时间长，是鲤科鱼类的3~8倍。黄鳝人工催产常用的药物有：促黄体生成素释放激素类似物（LRH-A）、鱼用绒毛膜促性腺激素（HCG）、鱼脑垂体（PG）、地欧酮（DOM）。但大多数实验都证明，LRH-A和HCG效果较好，单独使用就可以有效促产。

LRH-A的使用量根据黄鳝大小不同而有差异（表2-2、表2-3）。HCG的使用量（表2-3），雌鳝以2 000~3 000国际单位/kg为宜，雄鳝为雌鳝的1/3~1/2。

表2-2 雌雄黄鳝体重与LRH-A使用量

性 别	体重/g	一次性注射用量/μg
雌鳝	20~50	5~10
	25~150	10~15
	150~250	15~30
雄鳝	120~300	15~20
	300~500	20~30

表2-3 雌黄鳝注射催产药物剂量

药物 \ 体重/g	10	20	30	40	50	100	150	200	250	300
LRH-A/μg	2	4	6	8	10	15	20	25	30	35
HCG/国际单位	60	120	180	240	300	450	600	750	900	1 050

药物可以一次性注射，也可以分两次注射。使用 LRH-A 时，分两次注射效果更好。第 1 次注射全部使用量的 1/8，第 2 次注射全部使用量的 7/8。使用 HCG 时，一次性注射即可。

（2）催产时间和方法 药物催产的时间，最好在水温稳定在 25℃以上时。催产的方法有药物拌饵法和注射法两种。

药物拌饵法，即亲鳝培育至 5 月上旬，每星期在饲料中，按催产药物使用量添加 1 次 HCG、LRH-A 等，总共添加 3~4 次，即可见黄鳝开始产卵。

注射法，即对亲鳝腹腔注射催产药物。催产药物要准确计算用量，然后用生理盐水（有实验表明 0.3% 的氯化钠溶液最好）配置成悬浊液，控制每尾亲鳝注射 1ml。注射时，要两人操作。一人用干毛巾包住亲鳝，两手轻轻拢住其头尾，使其腹部朝上，另一人进行腹部注射，进针方向大致与亲鳝前腹呈 45° 角，进针深度不超过 0.5cm。由于雌鳝产生药效时间比雄鳝晚，所以要先注射雌鳝，24h 后再注射雄鳝（图 2-3）。

注射后，亲鳝按雌雄比例（1.5~2）:1 放入亲鳝培育池或专门产卵池中，每平方米放养 3~4 尾，产卵池环境同亲鳝培育池。水位保持在 20~30cm，每天换水 1 次。水温在 25℃左右时，注射 60h 后即可见雌鳝吐泡沫产卵。

图2-3 黄鳝的人工催产

2. 受精卵的孵化

在生态（半人工）繁殖中，受精卵可以直接在产卵池泡沫巢中自然孵化，也可以将受精卵捞出，置于网箱、玻璃缸、小水泥池或孵化桶中进行人工孵化（见本节 3. 受精卵的人工孵化）。

三 全人工繁殖

全人工繁殖，即完全采用人工的方法对亲鳝进行催产、人工授精、人工孵化的一种繁殖方式。

1. 亲鳝的催熟催产

亲鳝催熟催产的目的和方法同生态（半人工）繁殖。

2. 人工授精

在全人工繁殖过程中，将催产后的亲鳝放入水族箱、小网箱或小型水泥池中暂养，水位保持在 20～30cm，每天换水 1 次。水温在 25℃ 以下时，注射 40h 后，可每隔 3h 检查 1 次雌鳝，检查的方法是：捉住雌鳝，用手摸其腹部，并由前向后移动，若感到卵已经成颗粒分散，说明要产卵了，要立即进行人工授精。

⚠ 【注意】 由于雌亲鳝的催产效应时间不同，所以一般需要检查直至催产后 4 天。

人工授精时，将雌鳝捉起，抹干身上的水，一只手用干毛巾垫着轻轻握紧身体前部，另一只手从前往后挤压雌鳝腹部，就能挤出卵子来。如果泄殖腔阻塞，挤不出卵子来，就先用剪刀从鳝鱼肛门向里剪一个 0.5～1cm 的小口子，再挤，一直到挤空鱼腹内的卵子为止。然后赶快捉住雄鳝，剪开腹部，拿出精巢，用剪刀剪碎，用林格氏液或 0.9% 的生理盐水稀释，一般 1 尾雄鳝的精巢加入 15ml 稀释液［人工授精时雌雄配比一般为（2～3）:1］。稀释后倒在挤出的卵子上，先用小棒慢慢地搅动 2min，再放置 4～5min，然后用清水冲洗几遍，洗去血水和脏东西后，放入孵化器具中孵化（图 2-4）。

林格氏液的配制方法是：1 000ml 蒸馏水中加入氯化钠 7.5g、氯化钾 0.2g、氯化钙 0.4g，充分搅拌至溶解。

| 挤出卵子 | 取出精巢剪碎 | 精卵混和 |

图 2-4　黄鳝的人工授精

🎣【小技巧】>>>>

　　由于鳝卵卵黄多，影响受精卵与非受精卵的判定，因此可以用鉴别液透明后再在光镜下观察。鉴别液配方是：福尔马林 5ml，甘油 6ml，冰醋酸 4ml，蒸馏水 85ml，混合而成。孵化水温在 25℃ 左右时，观察卵是否受精的时间需在人工授精后 18～22h。此时取出鳝卵，在鉴别液中浸泡 3min 后在光镜下观察，若囊胚向下延伸，原肠形成，即可判断此卵已受精。

3. 受精卵的人工孵化（图 2-5）

　　（1）静水孵化　黄鳝受精卵的静水孵化，即将受精卵放入玻璃鱼缸、瓷盆或小水族箱中进行孵化。由于鳝卵的比重大于水，在自然繁殖的情况下，鳝卵靠亲鳝吐出的泡沫浮于水面孵化出苗，而人工授精的卵，无法得到这种漂浮鳝卵的泡沫，鳝卵会沉入水底。因此，采用玻璃缸或瓷盆进行静水孵化，水不能太深，一般控制在 10cm 左右。把受精卵平铺在水底，卵和卵不要挨得太紧。孵化过程中，未受精的卵崩解后，易恶化水质，应及时清除死卵，每天 3～4 次。还要注意经常换水，确保水质清新，溶氧充足，换水时水的温差不要超过 3℃，每次换水 1/3～1/2，每天换水 2～3 次。越到后期，耗氧量越大，需增加换水次数，每天换水 4～6 次。

　　在 6～8 月的正常天气时，5～11 天就能孵出小鳝鱼。刚孵出的小鳝鱼不会游泳，只能趴在盆底或缸底，此时不要动它，5～8 天后，等它能游泳、长壮一点时，再放到池子里培养。

86cm

56cm

10cm

116 cm

51cm

45cm

孵化桶

水族箱

孵化缸

图 2-5　黄鳝的人工孵化器具

（2）滴水孵化　在静水孵化的基础上，不断滴入新水，增加溶氧，改善水质。具体做法是：提前一天在消毒洗净的器皿底部均匀铺上一层经阳光曝晒、清水洗淘的细沙，注入 5cm 左右的水。将受精卵转移至铺有细沙的器皿中，孵化用的器皿要有溢水口，距沙底10cm 左右。从水龙头接出小皮管，用活动夹夹住皮管出水口，以控制水滴速度。打开水龙头，调节活动夹至适宜水滴速度。滴水速度视孵化鳝卵多少而定。一般为 30 ~ 40 滴/min，至第 4 天后调至 50 ~ 60 滴/min。总之，视水温情况调控滴水。

（3）流水孵化　流水孵化方式有以下几种。

1）网箱流水孵化。选择清洁无污染、有微流水的池塘、水泥池、河湾、小溪、库湾、湖泊等，横截水流设置网箱，规格为 1m × 1m × 0.5m，用白色密眼乙纶网布做成。网箱四角用竹竿固定，网箱之间无间距，行距3m，网箱底部距水面10cm左右。将受精卵放入，平铺网底，进行孵化。

2）水泥池流水孵化。在水泥池中架设木框架，将木框架中铺平筛网后浮于水面上。把鳝卵在清洁水中漂洗干净，拣出杂质、污物，然后平铺于筛网上，筛网浮于水泥池中的水面上，使鳝卵表面的1/3露出水面，即可孵化。水泥池一边进水，一边溢水，保持微流水。

3）孵化桶（缸）孵化。孵化桶（缸）是"四大家鱼"受精卵孵化的常规孵化器，也可以用于黄鳝受精卵的孵化。孵化桶（缸）一般盛水 $0.2 \sim 0.25 m^3$，每桶（缸）放受精卵 20 万 ~ 25 万粒。水从孵化桶（缸）底部流入，上部溢水口溢出，形成水流，将桶（缸）内受精卵冲起，使之获得充足的溶氧和良好的水质，保证了孵化的顺利进行。

（4）孵化的管理和注意事项

1）受精卵的密度。如果用鱼缸、瓷盆、水族箱孵化受精卵，受精卵应平铺水底，卵和卵之间稍稍分离即可；如果用 $0.2 \sim 0.25 m^3$ 的孵化桶（缸）孵化，一般每桶（缸）放受精卵 20 万 ~ 25 万粒，折合每毫升水体放卵 1 ~ 2 粒；如果用孵化环道孵化，放卵量减半。

2）水质。孵化用水要清新，溶氧量丰富，无污染。要求溶解氧在 $6 \sim 8 g/m^3$，pH 为 $7.0 \sim 8.0$。进水时要用密筛绢过滤。有条件的地方最好准备专用蓄水池，孵化用水在蓄水池内消毒，毒性消失后，再注入孵化器具。

3）水量和溶氧量控制。如果用鱼缸、瓷盆、水族箱孵化受精卵，孵化水不宜太深，应控制在 10cm。每天早、中、晚、午夜 4 次换水。换水前，检查受精卵孵化情况，剔除腐败发白的卵子。换水时，要注意换水前后水的温差不要超过 3℃，每次换水量在 1/3 ~ 1/2 左右，换入的新水要事先用密筛绢过滤，以防止剑水蚤等敌害生物进入。换水后，测定水的溶氧量和 pH，发现问题，及时解决。

如果用孵化桶（缸）、孵化环道孵化，要注意水流速度应以黄鳝卵在桶（缸）中刚刚浮起即下沉为适宜。

> 🔵 【提示】 受精卵在孵化桶（缸）中孵化时，若水流冲击卵始终在水面翻腾，说明水流过大，若卵始终在桶（缸）底部不能浮出水面，说明水流过小。

4）水温。黄鳝的胚胎发育与水温的关系极其密切。黄鳝卵孵化的适宜水温为 21～28℃，最佳水温为 24～26℃。孵化期间，保持水温相对稳定，短时间内水温变化不要超过 3℃，最好不要超过 1℃，昼夜水温差不要超过 3℃，换水前后温差不要超过 2℃。

5）敌害生物。孵化期间，进水用密筛绢过滤，孵化用具要严格消毒，防止较大的敌害生物，如蝌蚪、小鱼、小虾、剑水蚤等进入孵化设备。

6）洗刷滤网及清除污物。用孵化桶（缸）、孵化环道孵化受精卵期间，平时应经常洗刷滤网，防止堵塞。仔鳝破膜阶段更应及时清除过滤网上的卵膜及污物，以免卵膜堵塞筛孔，造成水由滤网上口溢出而出现逃苗现象。

四 鳝苗质量的鉴别

鳝苗质量的好坏有时凭肉眼一眼就能看出来，个体整齐、体色光鲜、比较肥满、游动活泼的鳝苗就是好鳝苗，而个体差异大、瘦弱无力、懒洋洋的鳝苗一定是孬鳝苗。如果，肉眼无法看出来，可以用以下的方法鉴别（图 2-6）。

方法一：用手轻轻搅动盛苗的缸、桶中的水，使水产生小小的漩涡，如果看到鳝苗能沿桶边、缸边逆水挣扎、游动，说明其体质好；如果大多数鳝苗都被卷入漩涡而无力游动、挣扎，说明鳝苗体质太差。

方法二：把鳝苗舀在白色小瓷碟里，把水慢慢倒去，鳝苗在小碟中用力扭曲滚动不停，说明体质较好，而无力挣扎仅头尾颤动的鳝苗则体质较弱。

方法三：把鳝苗舀在盆中，用嘴吹动水面，体质好的鳝苗顶风逆水游动，体质差的鳝苗则跟着水流转动。

轻轻地把孵化器   将鳝苗舀在白色瓷碟   将鳝苗舀入白色瓷盆中，
中的水搅动   中把水轻轻倒去   用嘴吹动水面

图 2-6　鳝苗质量的鉴别方法

第四节　黄鳝人工繁殖实例

实例 1　池塘自然繁殖和养殖黄鳝

2003 年，江苏镇江丹徒区荣炳镇的养殖户吴××以黄鳝亲本、抱卵虾、鱼苗混养的模式进行培育，繁殖养殖一体化，不催产，亲鳝培育、产卵、孵化以及幼鳝培育在同一池塘进行。

1. 池塘准备

池塘环境安静，面积 5.5 亩，水深 1.2m，淤泥深 10～15cm。水源来自通济河，水源充足，水质清新无污染。进排水口位置相对，用钢丝网拦好水口，防止逃鳝。

放养前排干池水，曝晒池底，用生石灰清塘，每亩用量为 75kg。毒性消失后，在池边和池中栽植水花生、水葫芦，长期保持其覆盖面积占池水面积的 25% 左右。

2. 黄鳝亲本放养

以黄鳝亲本、抱卵虾、鱼苗混养的模式进行培育。放养时间为 2003 年 5 月 10 日～6 月 2 日。总放养黄鳝亲本 591.25kg，规格为 22 尾/kg，平均 107.5kg/亩；总放养鱼苗 11 万尾，平均 2 万尾/亩；总放养虾 110kg，平均 20kg/亩。

3. 投饵

养殖时间为 5 月 10 日～9 月 15 日。饲养期间，共投喂饲料 1 713.25kg，牛粪 2 800kg。

饲料投喂是根据黄鳝的食性和生长、繁育规律，采取在池塘中套养鱼苗为黄鳝亲本提供饵料的方式，施肥以牛粪为主，以利于培育鳝苗喜食的生物饵料。

在饲养管理过程中，尤其是黄鳝繁殖旺期，进行黄鳝性腺检查，随机抽样选取亲鳝，测量其体长、解剖观察怀卵量和卵巢成熟度，预计鳝苗孵出时间，并采取相应的管理措施。

4. 饲养管理

投喂新鲜饲料，不喂腐烂变质饲料；坚持"四定"投饵，即"定时、定点、定质、定量"；5～6 月，水深保持在 60～70cm，7～9 月温度高，水深应保持在 80～90cm。凉爽季节每周换水 1 次，高温季节两天换水 1 次，上午换水，换水前后温差不超过 3℃；发现缺氧，应立即启动水泵冲水，边进边排。勤巡塘，主要进行"四看"：一看食欲情况；二看活动情况；三看天气情况；四看水色情况。发现问题，要及时采取措施。

5. 病害防治

避免机械损伤；做好鳝池消毒工作；栽植好水生植物，以利于黄鳝隐蔽、栖息；做好水质调节；严防有害物质进入养殖水体，包括防止水源污染、饵料污染等。

6. 产量与经济效益

（1）产量 总产鳝苗 48.4 万尾，成鳝 122.5kg，成虾 181.25kg。平均亩产鳝苗 8.8 万尾、成鳝 22.27kg、成虾 32.95kg。

（2）经济效益 总产值 78 203.75 元，总成本 20 569 元，总盈利 57 634.75 元，平均亩产值 14 218.86 元，成本 3 739.82 元，盈利 10 479.05 元。投入产出比为 1∶3.8。

实例 2 稻田网箱自然繁殖黄鳝

2010～2011 年，湖北监利县两湖渔业合作社将稻田改造成鳝池，池内设网箱，不催产，进行自然繁殖、人工养殖黄鳝。

1. 繁殖和养殖过程

稻田面积 26.5 亩,其中亲鳝稻田 6.5 亩,稚鳝培育稻田 20 亩。养殖用水来自南湖河,水质良好,无污染。

(1)培育稻田 培育稻田分亲鳝培育稻田和稚鳝培育稻田。

1)稻田选择与改造。选择软硬适中的壤土稻田,将稻田改造成宽 3.5m、长为稻田自然长度的单元,清除杂物杂草,每个单元之间筑埂,埂高 0.5m、宽 0.5m。亲鳝池共占用稻田 6.5 亩。亲鳝进箱前,全池进行药物消毒,清除池塘内蛙类(包括蝌蚪、卵)及鼠、蛇、虾等敌害生物。

药物毒性消失后,安装亲鳝培育网箱。使用普通聚乙烯网布制作的网箱,四角用竹竿固定,每口池插两排网箱,网箱间距 0.2m,行间距 1m,网箱两边距池埂 0.25m。共插网箱 1 300 只,其中规格为 1m×1m×1m 的网箱 1 000 只,规格为 1.5m×1m×1m 的网箱 300 只。网箱插好后,每个网箱堆放少量泥土,并放 4~5 株水葫芦。

2)稚鳝培育稻田。稚鳝培育池 2 口。单池面积为 10 亩,清除池中淤泥,修补池埂,保证池埂四周无漏洞,彻底清除池边杂草杂物,适时清除池埂内蛙类及鼠、蛇、虾等敌害生物。水深 1.8m。稚鳝培育网箱规格为 2m×1m×1m,共 1 000 只。用白色密眼乙纶网布做成。网箱四角用竹竿固定,网箱之间无间距,行距 3m,便于水流畅通和投饵操作。每只网箱投入 10 株水葫芦和少量水花生。

(2)亲本放养与培育 亲鳝是收购的野生大斑鳝,规格为 45~120g/尾。体表无伤、无病、无残,剔除烂皮、烂嘴、烂尾、鳃部肿胀的鳝鱼。每只网箱放养亲鳝 6 尾,重约 0.3~0.4kg,雌雄比例为 2:1。入箱 3 天后开始投饵,先用蚯蚓作为饵料进行驯化,再逐步改为用花白鲢鱼糜与蚯蚓混合后投喂,坚持"四定"投喂原则,每天下午 5 时左右投喂 1 次,投饵量为 5%~6%。

(3)稚鳝捕捞 亲本黄鳝经过培育,水温适宜时,开始吐泡、产卵、受精、孵化稚鳝。待稚鳝将卵黄吸收干净后,开口摄食。择机将稚鳝捞出,投放到稚鳝培育箱中培育,亲鳝继续在网箱中培育。年底起捕上市。

（4）稚鳝培育　将发育 13 天后的稚鳝，放入网箱培育，每只网箱放稚鳝苗 800 ~ 1 200 尾，开口料为水丝蚓。

（5）日常管理

1）水质管理。4 ~ 5 月每 5 ~ 7 天换水 1 次，6 ~ 9 月每 2 ~ 3 天换水 1 次，先排出部分老水。再加注新水；每隔半月，用光合细菌（PSB）、益生活水素、浓缩芽孢杆菌等生物制剂交替泼洒，调节水质，保证水质清新，溶氧充足。

2）巡塘。坚持早、中、晚巡塘，观察黄鳝的活动、摄食及水质变化情况，及时捞出残渣剩饵，发现异常情况，及时处理。

3）病害防治。以预防为主。4 ~ 9 月，每月上旬预防 1 次，用药物拌饵连喂 3 天，并用药物全池全箱泼洒 1 次。稚鳝培育箱每半月用药物交替泼洒 1 次。养殖过程中没有发生重大流行性病害。

2. 结果

2010 年 1 月 ~ 2011 年 12 月，通过连续两年试验得到以下结果。

（1）亲鳝产苗情况　见表 2-4。

表 2-4　黄鳝繁殖情况统计表

年份	亲鳝网箱数/只	亲鳝组数	亲本质量/kg	出苗窝数	出苗数量/万尾	综合产卵繁殖率（%）
2010	1 300	5 200	413.5	2 413	52.3	46.41
2011	1 300	5 200	426.3	2 067	41.1	39.75
合计	2 600	10 400	839.8	4 480	93.4	平均 43.08

（2）稚鳝培育情况　两年共孵化黄鳝稚鳝 93.4 万尾，培育成幼鳝 55.6 万尾，稚鳝培育成幼鳝的成活率为 59.53%。

（3）经济效益　两年共生产幼鳝 55.6 万尾，回收成鳝 845.6kg，销售收入 55.6 万元。两年的成本共 34.09 万元，利润为 21.51 万元。

实例 3　稻田生态繁殖黄鳝

2004 ~ 2005 年，湖南省农业科学院将稻田改造成鳝池，模仿自然生态环境对亲鳝进行强化培育，将催产药物拌饵投喂，采用让其自然产卵受精、人工孵化的方法生产苗种，黄鳝的产卵率达 98%，受精率达85%，孵化率在90%以上，鳝苗的成活率在87.8%以上。

1. 亲鳝培育池和产卵环境的设置

（1）培育池的设计　稻田面积600m^2，四周用土堆成宽50~60cm的埂，田中挖宽60~80cm、深35~40cm的沟，土埂高出水面15~20cm，沟沟相通，埂外砌水泥砖墙，防逃防渗。沟中水面下5~8cm处设若干面积为350~400cm^{2}的食台，食台间距2.5m。

（2）产卵环境　土埂为壤土，土质松软，利于黄鳝打洞。沟上方搭木架，埂上种植黄瓜、豆角、丝瓜、扁豆、葡萄等藤蔓植物，沿木架生长；沟中植水葫芦，面积为水沟面积的1/3，遮阴降温。

2. 亲鳝的选择与培育

（1）亲鳝的选择　购买鳝笼捕捞的野生鳝，无伤、无病、无残，反应灵敏。雌鳝体重50~150g，雄鳝100~250g，雌雄比例为（1~1.5）:1。

（2）亲鳝的培育　培育池用生石灰彻底消毒，1周后投放亲鳝，密度为10~15尾/m^2。驯食采用鳗鱼料、三等粉、鱼糜、蚯蚓等，鱼糜由尾重1~2.5kg性成熟的鲤鱼肉、鲤鱼卵、鲤鱼精巢、鲤鱼脑等粉碎绞烂而成。5月上旬开始强化培育，在饲料中适当增加畜禽下脚料、牛血、猪血、豆粕等。每星期在饲料中适量添加1次HCG、LRH-A等，总共添加3~4次即可。投喂时要求安静、准点。每10~15天换水2/3~3/4，保持水质清新，溶氧量在4~5mg/L，pH为5.0~7.0。定期用笼子捕捞几尾检查，待产的雌鳝生殖孔会出现微红肿。

3. 人工孵化

（1）受精卵的收集　在6~7月的产卵季节，大多数黄鳝将卵产于土埂边繁殖洞口的泡沫巢中，也有的将卵产在水葫芦叶梗之间或食台边的泡沫巢中。将黏浮的受精卵收集起来。

（2）受精卵的孵化　收集的受精卵用曝气的井水清洗，放入孵化桶中孵化，水流速度以不使卵成堆但浮到水的中上位置为宜（距水面20~30cm）。保持水温28~30℃，pH 5.0~6.0，溶氧量5mg/L，在孵化期间随时将发霉的未受精卵捞出。

4. 鳝苗培育

受精卵孵化10天后，鳝苗陆续孵出。刚孵出的鳝苗腹部有大而明亮的油球卵黄，3～5天还不能游动。待卵黄消失能自由游动时，将其放入水泥池饲养。鳝苗池池壁采用瓷砖，面积 25m²，水深 20～25cm，池中放水葫芦，占池水面积的 1/3 左右。先投喂浮游动物，一星期后改喂水丝蚓。

5. 结果

(1) 产卵率　2 年待产卵雌鳝为 2 722 尾，共计产卵 2 668 窝，产卵率为 98.02%。

(2) 受精率　2 年受精卵约 125.5 万粒，共计产卵约 147.7 万粒，受精率达 85%。

(3) 孵化率　2 年共计孵化黄鳝苗约 113 万尾，孵化率达 90%。

(4) 苗种成活率　2 年鳝苗的平均成活率达 87.8%。

实例 4　全人工繁殖黄鳝

1986～1988 年，四川农科院水产研究所进行了全人工繁殖黄鳝。用 HCG、LRH-A 及 HCG 加 PG 的混合剂等作人工催产的催产率、采用人工挤卵干法授精的受精率、用静水孵化方式的孵化率均在 50% 以上。鳝苗的成活率为 75%～95%。

1. 亲鳝的选择

从当地农贸市场选购亲鳝。雌鳝体重 13～187g，雄鳝体重 45～250g。雌雄比例为 2:1 或 3:1。

2. 人工催产

1986 年的催产时间为 6 月 2 日～7 月 16 日，水温变幅为 23～28℃。催产药物为 HCG、PG、LRH-A。激素采用单独使用和混合使用，采取腹部一次性注射法。

1987 年的催产日期为 5 月 18 日～7 月 31 日，水温变幅为 21～30℃，催产药物与方法同上。

1988 年的催产日期为 5 月 16 日～6 月 20 日，水温变幅为 21～28℃，催产药物与方法同上，只是每种激素剂量增多。

3. 授精与孵化

催产后的亲鱼，经一定的效应时间，用手触摸雌鳝的腹部，若有卵粒滚动，立即进行人工授精。

多数雌鳝通过挤压腹部便可以排卵，少数雌鳝生殖孔未开放不易挤出卵粒的，用剪刀将生殖孔剪大些即可。将雄鳝剖腹取出精巢，用剪刀剪碎，放入研钵中轻研几下，加入少量注射用水同卵混合，轻微摇动，然后加水放入解剖盘或瓷盆中孵化。

受精卵采用静水孵化，每天定期换水两次。孵化用水是曝气的深井水，水刚淹过卵粒。孵化期间保持水温在 27 ~ 32℃，溶氧量 4mg/L 以上，pH 7.0 ~ 8.0，化学需氧量（COD）极少。

4. 鳝苗培育

受精卵孵化 10 天左右，鳝苗陆续孵出。216h 后，体长达 28mm，卵黄囊基本消失，将其放入室外小池饲养。鳝池有几平方米至十几平方米不等，水深 10cm 左右，放入水葫芦，占池水面积的 1/3。先投喂浮游动物，一星期后改喂水丝蚓。

5. 结果

催产率、受精率、孵化率均在 50% 以上。鳝苗成活率为 75% ~ 95%。

—第三章—
黄鳝的苗种培育

　　大规模黄鳝养殖的苗种需求量大，各地养殖户的技术水平不同，因此苗种来源也不同。总的来说，鳝种的来源有 3 个途径：技术水平较高的养殖户可以自己繁殖培育苗种，其他养殖户可以捕捉自然水域的鳝种，也可以购买鳝种。

一　自然水域鳝种的捕捉

　　野外捉幼鳝要在暖和的时节，4 月初至 10 月底。方法有以下几种（图 3-1）。

1. 地笼捕捉

　　选择浅水湖汊、稻田、水沟、池塘边等泥沟较多的地方，敷设成串的地笼，地笼中撒一些蚯蚓段，引诱黄鳝。敷设好后，每天清晨检查，倒出诱捕到的黄鳝，添加一些蚯蚓段即可。这种方法，作业时间长，诱捕率高，是最常用的黄鳝捕捉方法。

2. 徒手捕捉

　　手捉最好在晚上进行。黄鳝白天不出洞，晚上才出来在水边找东西吃，而且黄鳝见光就不动了。利用这一特点，我们可以在稻田、水沟、池塘的边上事先弄出一块块平坦的浅水软泥台，在上面撒些蚯蚓段，到了晚上，尤其是雨后或闷热天气的晚上，幼鳝就聚集在这些泥台上吃蚯蚓，我们就可以用手电筒照着，一条条地捉。用手捉的时候，中指在前，食指、无名指在后，像钳子一样，将幼鳝前半段紧紧夹住，既不让幼鳝逃走，也不会使它受伤。捉住的幼鳝放在桶里，桶内放些柔软的水草或少量清水，桶要深并且有盖。

地笼捕捉　　　　　　　　　徒手捕捉

在水沟中放养水葫芦，
收集野生幼鳝

铺一张塑料网布，将水葫芦捞在网布上，原来藏于水葫芦根部的幼鳝会自动钻出来落在网布上

图 3-1　野外捉幼鳝示意图

　　白天捉幼鳝也可以，要先在稻田、水沟里找到黄鳝钻的洞，找出几个洞口后，用木棒搅动水下的洞口，在另一个水面上的洞口套上鳝笼，或用手捉即可。也可以找准两个洞口后，两手分别从两个洞口内探入，堵口捕捉。

3. 放养水葫芦，收集野生幼鳝

　　预先在水沟中种一些水葫芦，最好种在有软泥的地方。6 月 20日至 8 月底都能收集。方法是：先在平地上铺一张塑料网布，把水葫芦连根拔起，放在网布上，慢慢地，藏在水葫芦根部的幼鳝会自动钻出来落在网布上。

4. 在池塘沟渠边做些小土�堆，收集野生幼鳝

土埂用一半土、一半牛粪搅拌混合而成。过一段时间，土埂边就会长出很多水丝蚓，时间一长就会有小鳝钻到土埂中吃水丝蚓，这时可用纱布做的小捞海捞取。

二 购买鳝种的选择

在市场上购买鳝种，要注意鳝种的品种和质量。

黄鳝有3种不同颜色的品种，分别是深黄色或土红色、青黄色、灰色。深黄色或土红色而且身上有较大杂斑的黄鳝长得最快；青黄色的黄鳝长得一般；身体灰色、身上小斑点特别多而密的黄鳝长得最慢。所以养殖用的黄鳝要选择深黄色或土红色并有大杂斑的鳝种。

另外，购买鳝种还要注意仔细检查，留意鉴别，坚持"三不要"。

一是不要伤鳝。黄鳝有外伤和内伤两种情况。外伤容易一眼看出来，比如破皮、身体发白、有虫子在身上、断尾、鳃盖上有伤痕、出血等。内伤一般不容易发现，但内伤主要是因为钩钓捕捉引起的，受伤部位往往在口腔、咽喉等地方，发现这些地方有淤血就要拣出不买。

二是不要病鳝。病鳝的主要特征是头大、颈细、体弱，病情严重的身体会蜷曲；有的体表局部发白，甚至有棉絮一样的东西，身体外面黏液少；有的体表有明显的红色凹斑，黄豆大小，易感染化脓腐烂，而且不易愈合，此种为"梅花斑病"；有的肌肉腐烂，鳍条脱落。

三是不要药鳝。就是用麻药、毒药麻倒后逮到的鳝种。这种鳝种用手一抓就能抓起好几条，抓起后也不挣扎，软塌塌的；另外它们的腹部还有小红点，时间越长红点越明显。

以上这些鳝种，活动无力，成活率低，一定要仔细拣出，不要购买。

第二节　鳝种培育

把刚出膜的小鳝鱼养成 15 ~ 25cm 长、10g 左右重的鳝种，称为鳝种培育（图3-2）。

喂熟蛋黄

下塘

投喂

保持水质清新

搭架遮阴

图 3-2　鳝种培育示意图

一　鳝种培育池的准备

1. 鳝种培育池的技术要求

鳝种培育可以用 10 ~ 15m² 的水泥池子，深 40 ~ 50cm，池底垫 5cm 的土，每平方米土掺入 0.5 ~ 1kg 牛粪或猪粪夯结实。池壁要高出地面30cm 以上，进水口和排水口用密眼网片罩封口，池的形状为长方形或椭圆形。

鳝种培育还可以用80 目或 100 目的尼龙网箱培育，规格一般为 1m × 2m × 1m，箱中放置水花生或水葫芦。

2. 新建水泥池的脱碱处理

新建的水泥池，碱性大，不能直接用于养殖，必须先脱碱。脱碱处理的方法有：

（1）醋酸法 用醋酸反复洗刷水泥池池表，然后贮满水浸泡1周以上。

（2）过磷酸钙法 水泥池注满水后，每立方米水体加入1kg过磷酸钙肥料，浸泡2～3天。

（3）酸性磷酸钠法 水泥池注满水后，每立方米水体加入20kg酸性磷酸钠，浸泡2～3天。

（4）稻草、麦秸浸泡 水泥池注满水后，放上一层稻草或麦秸浸泡1个月左右。

采用以上方法脱碱后，用水反复冲洗后再用。

3. 鳝种培育池的消毒处理

鳝种培育池在受精卵开始孵化的同时要进行消毒，方法是每平方米用50～100g生石灰，化成石灰浆干池泼洒。

消毒后7天，放入新水10～20cm深，施足基肥。基肥用发酵好的畜禽粪肥。最好的发酵方法是：在地上挖1个坑，坑里铺1层粪，再盖上层青草，撒1层生石灰、1层粪、1层草、1层石灰，铺上几层后，用尿浇透，坑上盖上盖子，1个月后，可以直接用长勺舀粪汁施肥。

⚠ **【注意】** 新建鳝苗池只需脱碱，不必消毒。

二 鳝苗的放养

1. 放养密度

放苗时要记数，以便准确控制放养密度。鳝苗放养密度为300～400 尾/m^2。

也有报道，许多养殖户放养密度为3 000～4 500 尾/m^2，也取得不错的培育效果。但是注意，以此密度放养时，培育过程中需经过两次以上分养。因为，随着鳝苗逐渐长大，一是单位面积的载鱼量增加，二是幼鳝中出现规格差距，此时若不及时进行分散、分级、分池养殖，不但会出现鳝鱼互相残食，而且影响整个苗种培养的效果。

2. 鳝苗放养的注意事项

（1）放养前强化　鳝苗孵出后，不会游泳，不能吃食，一动不动地趴在水底。5~8 天后，便可以吃食，这时候可把煮熟的蛋黄用纱布包好，放到水中轻轻揉搓，鳝苗可以吃流出的蛋黄水。这样喂 2~3 天后，鳝苗身体强壮了，体色变黑了，再放到培育池中养。

（2）鳝苗放养的时间　放苗时间最好是育苗池施肥后 7~8 天，放苗时若是晴天，不要在中午放苗，可在上午 8：00~9：00，或者下午 4：00~5：00 放苗。

（3）试水　放养前，先试水。在池中设 1 个小网箱，放入几尾小鳝鱼。如果小鳝鱼入水 1 天后无异常反应，即为安全，便可以放鳝苗了。

（4）水温适宜　育苗池水温和孵化器中的水温要差不多。要是用手感觉水温不一样，就把池子里的水慢慢舀入盛鱼的盆里，直到温度差不多了，再将盆全部沉到池水水面以下，倾斜盆，让鳝鱼随水流入池中。

三　鳝种的饲养管理

1. 投饵

苗种培育阶段，鳝苗吃的东西很多，像水丝蚓、摇蚊幼虫、蚯蚓、昆虫蝇蛆等。水丝蚓是鳝苗的最佳开口饵料。在下池的前几天里，最好能将水丝蚓切成碎段投喂，使鳝苗能吃到充足可口的食料，并训练鳝苗养成集群摄食的习惯。如果没有水丝蚓，也可以将陆生蚯蚓打成浆或切成小段喂。喂的时候，投喂地点应固定，可在池中遮阴的一侧，建成 1 个固定的食场。食场内放 1 个用木框和密眼网做的食台，每次都在这里喂，训练鳝苗定点采食的习惯。每天喂 1 次，下午 5：00~6：00 喂。幼鳝一经开食，即逐渐分散活动，此时若池中培育的浮游动物不足，可辅助投喂一些煮熟的蛋黄浆。

♪【小技巧】>>>>

→ 刚开始投喂鳝苗的最初几天，喂的时候要慢一点，最好一勺一勺地喂，上一勺全部吃完再放下一勺，不要一次舀很多投进去，既浪费又污染水。

鳝苗下池3～4天后可投喂一些切碎的蚯蚓、小杂鱼和蚌肉，日投饵量为在池中鳝苗总体重的10%～15%，每日投喂4～5次。另外，还可预先用马粪、牛粪、猪粪拌和泥土，在池中做成2～3个块状分布的肥水区，这些肥水区能生出许多水丝蚓供鳝鱼摄食。

半个月后，用密眼网布做的抄网把黄鳝捞到盆里，体大、强壮的挑在一起，身体瘦小的挑在一起，然后分池饲养，放养密度降至150～220尾/m²。分池后，每天要喂两次，在上午8：00～9：00和下午4：00～5：00，可以喂整条蚯蚓、蝇蛆或杂鱼肉，也可少喂点麦麸、米饭、南瓜、菜叶等，瓜菜要切碎。每天的饵料投饵量要掌握在池中鳝苗总体重的10%左右。

投喂1个月后，还要把鳝苗捞起挑一挑，大、小分养。第2次分养后，逐渐将鳝苗饲料转化为蝇蛆和煮熟的猪血料、动物内脏以及麦麸和瓜皮等素食或人工配合饲料，也可以配合投喂鳗种饲料。鲜活饲料的日投饵量约占池中鳝苗总体重的6%～8%。养到11月中下旬就可以分池放进成鳝养殖池越冬，也可以在原池越冬。

2. 驯食

大规模培育黄鳝苗种，鲜活饵料出现不足，要驯食鳝苗摄食配合饲料。驯食的时间一般是在用动物性鲜活饵料培育10～15天，鳝苗长至5cm以上时。驯食方法是：将粉状配合饲料加水揉成团状，定点投放于食台上，经1～2天，鳝苗会自行摄食团状饲料。

驯食15cm以上的苗种时，先在鲜鱼浆或蚌肉中加入10%的配合饲料，投喂1～2天，以后每天逐渐增加配合饲料的比例，减少鲜活饵料的比例。经5～7天，鳝苗即可完全摄食配合饲料了。

⚠ 【注意】 驯食前要使黄鳝饿1~2天，不投喂食物。驯食过程中，每天观察残饵、水质和黄鳝排出的粪便来判断黄鳝摄食情况。如果摄食不正常，要捞出残饵，并减少配合饲料的比例或适当减少投喂量，这样仍不能正常摄食时，则停喂1~2天再继续进行，如果黄鳝能吃完，则逐渐加大配合饲料比例，直至驯食成功。

3. 日常管理

（1）水质管理 要求水质清爽、肥沃、含氧量丰富。春、秋季节，每4天换1次水，夏天，每两天换1次。每次换水，要换掉池水的1/3~1/2，不要一次换得太多。换水时，先排出池水的1/3，再注入。换水时间要安排在傍晚前后。换水前后，池中水的温差不得超过3℃，水深保持在15cm左右，当水温高于28℃时要及时加注新鲜水进行降温。

（2）控制水温 鳝种培育的最适水温为25~28℃。夏季高温季节要采取降温措施，一要不断向池中加注清凉的水库底层水，有条件的地方，最好保持池中微流水。二要在育苗池上面搭遮阴棚，种点丝瓜、葡萄，水面上种水葫芦、水花生等水生植物。

（3）投饵管理 投饵要坚持"四定、四看"的原则。"四定"即投饵要做到"定时、定点、定质、定量"。

"定时"指每天投饵时间要相对固定，水温20℃以下或28℃以上时，每天一般在下午3：00以后投喂；水温20~28℃时，每天一般投喂两次，时间为上午9：00和下午3：00以后，不要随意改动投饵时间。

"定点"指饲料投喂在食台上，食台固定在池内阴凉处，接近进水口，在水面下3~5cm。

"定质"指配合饲料应在有效期内使用，鲜活饲料应新鲜，不喂腐败变质饲料。

"定量"指根据季节、天气、水质和鳝的活动情况适时调整投饵量，所投饲料以2h内吃完为准。摄食旺季，水温20~28℃时，配合饲料日投饵量为鳝体重的1.5%~3.0%；鲜活饲料日投饵量为5%~

12%；水温20℃以下或28℃以上时，配合饲料日投饵量为1%~2%，鲜活饲料为4%~6%。

"四看"指投饵时要"看天、看水、看鱼、看饵"，根据天气、水质、鱼的活动情况和残饵量，适时调整投饵量，及时捞出残饵，以免腐臭，影响水质。

夏季，在每个培育池中安装一个诱光灯，灯泡离水面40cm左右，夜晚可引来大量飞虫，飞虫落入水中后，可为鳝苗提供大量的活饵料。

（4）勤巡塘　坚持每天早、中、晚3次巡塘检查，检查防逃网，捞出水面上的脏物，观察鳝苗动态，严防鳝苗逃逸。遇天气变化时，若发现鳝苗出穴将头伸出水面，应及时加注新水补氧。

（5）消灭敌害生物　常见的敌害生物有老鼠和青蛙。在池边投一些药物或设置捕鼠工具以消灭老鼠，防止老鼠夜晚入池咬食鳝苗。抓青蛙的方法最好是晚上用手电筒照着抓。在晚上，听到哪里青蛙叫声厉害，轻手轻脚地走过去，用手电筒照着青蛙，它就不动了，很容易就逮到。一晚上能捉好几百只。

（6）防病治病　坚持以防为主，防重于治的原则，鱼病多发季节要定期泼洒杀虫药物和生石灰、漂白粉，进行杀虫消毒。常见病要经常预防，喂料时观察鳝种是否得病，一旦发现有病，及早治疗。

（7）做好池塘养殖日记　池塘养殖日记是做好养殖工作的重要环节。将养殖过程中每天所做的工作一一记录在案，包括投喂饲料的种类、成分、多少、投喂时间等，施肥的种类、数量、施肥时间、地点等，换水的水源、换水时间、换水量，施药的种类、数量、施药时间、地点，每天的天气情况、水质状况、鱼的活动状况等。在发生特殊情况或预防疾病时，这些养殖日记都是重要的参考资料。

人工繁殖的鳝苗，培育至年底一般体长可达15~25cm，体重5~10g，这样的苗种便可作为下一年成鳝养殖的苗种。这些苗种适应人工养殖的环境，不需要进行驯饲，一般不会带有疾病，而且成活率非常高。

第三节　鳝种的越冬

在北方，黄鳝养殖过程中大多要经历越冬阶段。

一　越冬前的准备

1. 越冬池的要求

黄鳝越冬池要求池不坍塌，坝不沉陷，池底不渗漏。池底有25～30cm 的软泥层，如果底泥太厚，要清除过多淤泥。

2. 越冬前的准备

（1）池塘清整　鳝种入池前，要对越冬池进行严格检查，包括堤坝、水源、进排水口、防逃网等，一旦发现问题，及时修补。

（2）消毒　越冬池要提前消毒。消毒方法同亲鳝培育池。消毒7～8 天后，放入清洁水至水高 15～20cm 备用。

（3）鳝种入池　越冬前 1 个月左右，鳝种入池。鳝种放养密度与培育期间相同。黄鳝在水温降至 10℃ 以下时，就会停止吃食，钻到泥里去冬眠。这一冬什么也不吃，只靠身体里积累的营养维持生命。所以在越冬前的秋天要好好喂养，多喂鲜活饲料，如蚯蚓、螺肉、小鱼、蝇蛆，也须少喂一点儿瓜菜，一定让它们吃饱、吃好。

二　越冬方法

越冬的管理方法有 3 种：一是干池越冬，即在结冰前排干池水，保持底泥潮湿，然后在底泥上铺厚厚的稻草或草包，使越冬土层温度保持在0℃ 以上。二是深水越冬，即在黄鳝冬眠前将泥水加注至1m 左右，以保证结冰不到底，保护黄鳝钻入池底洞穴处越冬。若遇霜冻天气，池水结冰，要及时破冰。三是在池上建塑料大棚，棚上盖上草帘，白天卷起草帘，晒太阳以增加棚内温度，晚上放下草帘保温（图3-3）。

覆盖干草

深水越冬

大棚越冬

图3-3 鳝种越冬示意图

第四章
成鳝养殖

第一节 网箱养黄鳝

网箱养殖黄鳝是目前黄鳝养殖中采用最多的一种形式。这种养殖方式规模可大可小,放养密度高,疾病少,生产周期短,单位面积产量大,收益高,易捕捞,方便管理,是今后规模化和集约化养殖的发展方向。在湖泊、沟塘、土池、水泥池、稻田或其他农作物水田中均可采用此种方式养殖。

一 养殖场地选择与准备

1. 选址与准备

养殖场地要选择周围无潜在污染源、环境安静、水位稳定、水源充足、交通方便的地点。养殖用水来自湖泊、河流、水库均可,要求无有毒、有害物质污染,水质清新,水质符合渔业水质标准的要求。

在湖泊中设置网箱宜选择浅水湖泊的库湾或港汊,有微流,水位较稳定,水质清新,水深1.5m左右。

土池塘应选择垂直高度1.5m以上、面积0.2~1.0公顷(1公顷=15亩)的池塘。面积太小,水质变化太快,面积太大,管理不方便。池塘最好是长方形，东西走向，要求池底不渗漏，电力配套，排灌方便，进排水渠道系统独立，无过塘进水现象。

水泥池宜选择池深1.5m以上，面积$50m^2$以上的池子，池壁坚实，池底不渗漏，进排水设施独立，无过塘进水现象。新建水泥池要进行脱碱处理。

稻田网箱养黄鳝，要选择地势稍低、常年不干涸或容易灌水的低洼稻田作为黄鳝养殖池，以单季稻田为佳。要求土质较肥，水源有保证，水质良好，管理方便，面积在1公顷以内为好。要求田埂高而牢固，田底土质无农药残留，不渗漏，能保水。选好稻田后，再将稻田挖深50cm，挖出的土用来加高田埂，并夯实，使稻田中能保水深1m左右。然后，设置好进、排水管道，并绑好拦鱼网，防止黄鳝意外逃逸。

⚠️ 【注意】 养鳝池塘边不要栽种柳树，新鲜柳叶对黄鳝有毒害。

2. 清整消毒

土池、水泥池和稻田，在网箱设置前都要进行清整、消毒和施肥。

清整工作包括：检查池子是否渗漏，检查进、排水设施和防逃网是否完好，发现问题，立刻修补；清除过多的杂草，排出陈水；如果池底有机质过多或淤泥过厚，应挖出部分淤泥，保持泥层在20～30cm。

消毒工作要在鳝种放养前进行。消毒药物用生石灰，方法有带水消毒和干池消毒两种。带水消毒每亩（水深1m）用125～150kg生石灰，用水化成石灰浆，趁热全池泼洒。干池消毒法，消毒时池中保持浅浅的一层水。按每亩75kg生石灰，注水溶化、拌匀，不要有大块石灰存在，然后全池均匀泼洒，使池水呈乳白色，再用铁耙把底泥耙一遍，使石灰浆充分与淤泥混合，以杀死水中和底泥里的敌害细菌。如果底泥发黑有臭味，一定要排干池水重新更换底泥，再泼洒生石灰水消毒。

消毒后7～8天，毒性消失，便可加注新水。此时加水不要太深，以保持水深 20 ~ 30cm 为宜。太深，不利于饵料生物和水草生长。

加水后，即可施肥。一般每亩（水深 1m）水面，可在 300kg 腐熟的粪肥中掺入过磷酸钙 40kg、碳酸氢铵 40kg，均匀遍洒，可以有效培肥水质，培育饵料生物。

网箱设置好后，要加水至 1m 深左右。如果水质欠佳、水源不足，为了改善池塘环境，可在投放苗种前 7 天使用微生物制剂，如光合细菌、益生菌等，以后每隔 15 天使用 1 次。对于新挖的鱼塘，在消毒后施入适量的生物肥料，可促进网箱内水生植物的生长。

二 网箱的准备和设置

1. 网箱的结构

网箱可分为固定式网箱和漂浮式网箱（图 4-1），规格为 2m ×（1.5 ~ 3）m × 1m 的长方形或正方形六面体，箱体用网孔尺寸为 0.80 ~ 1.18mm 的优质聚乙烯 4 股 × 3 股无毒、无结节网片制作。

固定式网箱 8 个角被绑缚在 4 根长 2.0m 左右的结实竹竿上，竹竿插入底泥中，使网箱上部高出水面 50 ~ 70cm。

漂浮式网箱，以毛竹做框架，网箱底以上 50cm 处捆绑在箱体浮架上，浮架四角捆泡沫塑料浮子，箱底四边与框子垂直。网箱上纲用直径 3mm 的尼龙网纲，网箱角与浮架用 8 号铁丝拉紧，网箱上部高出水面 50cm。

2. 网箱的设置

放养苗种前一个月，用 20mg/L 的高锰酸钾溶液浸泡网箱 15 ~ 20min 消毒。在苗种入箱前 20 ~ 30 天左右，网箱应置于水体中浸泡，以消除网片的毒素，使各种藻类附着，形成一道生物膜，有效避免鳝种摩擦受伤。

网箱设置于养殖水体的避风向阳处。一般设置网箱的面积应控制在养殖总水面的 2/3 以内，间距应大于 30cm，网箱排与排间距离以能够行船为准。网箱吃水深度为 30 ~ 50cm，应安装在水深大于 1m 处，其下底不要触泥，上沿要高出水面 50cm 以上。

固定式网箱

漂浮式网箱

图 4-1　养鳝网箱

可在布置网箱后，苗种投放前 20～30 天移植水草到网箱内。为了预防小杂鱼、水蛭（俗称蚂蟥）、鱼卵、病原微生物、寄生虫等，所移植水草在投放前要用漂白粉、聚维酮碘等进行严格消毒，然后用清洁水冲洗干净，再移入网箱中。网箱中的水草要选择水葫芦等漂浮植物，覆盖面积应占网箱面积的 60%～90%。

⚠️ 【注意】 水葫芦在水中分生快、易死亡，如果听之任之，几周内水葫芦就会长满整个水面，造成池塘缺氧，而死亡的水葫芦则会腐烂造成水质恶化。因此一定要及时清除过多的和死亡的水葫芦。

三　鳝种放养

1. 鳝种选择

适合养殖的黄鳝品种以深黄大斑鳝或土红大斑鳝最好。质量上要求鳝种反应灵敏，规格整齐，无伤、无病、无残，活动能力强，黏液分泌正常，鳝种规格为 15 ~ 75g/尾。"一年段"养殖方式的黄鳝，鳝种规格一般以 20 ~ 30 尾/kg 为宜。该规格的苗种生命力强，成活率高，增重快，产量高。如果放养鳝苗的时间较晚，放养规格应适当加大。

2. 鳝种放养

水温稳定在 15℃ 左右时，是黄鳝放养的最佳时间。

下苗时间选择晴天的上午 9：00 或下午 5：00，避开正午阳光直射。运输后的鳝苗应当在换水后，并清除完排泄物和杂质后再投放。放养前后水温差在 3℃ 以内。

鳝苗放养前用 2.5% ~ 3.0% 的食盐溶液浸浴 5 ~ 8min，或用 20 ~ 30g/m³ 的聚维酮碘溶液（含有效碘 1%）浸浴 10 ~ 20min，或用 0.1 ~ 0.2g/m³ 的四烷基季铵盐络合碘溶液（季铵盐含量为 50%）浸浴 30 ~ 60min 消毒。

> ⚠️ 【注意】 药物消毒时间的长短，应根据水温确定。水温高，消毒时间要短；水温低，消毒时间适当延长。消毒时，还要随时观察鳝种反应，一旦发现异常，马上停止消毒。

鳝苗的放养密度直接影响养殖效益。4 ~ 6 月的早期苗，由于生长期长，可适当稀放，规格在 20 ~ 35g/尾，密度以 0.5 ~ 1.0kg/m² 为宜，或者密放再分箱。7 ~ 8 月生长期短，密度可适当提高至 1.0 ~ 1.5kg/m²，数量以不超过 40 尾/m² 为宜，此密度在养殖过程中不需要分箱。一般提倡一次放好，尽量避免分箱操作。

此外，还要求按照鳝种不同的规格严格分级，分开放养，同一网箱放养同一来源、同一规格的鳝种，个体大小差异在 2/3 以内。同时注意控制温差，放养和消毒时水温差不超过 3℃。

在以网箱养鳝为主体的池塘中，还可以少量搭配放养其他鱼类，让其充当清洁工的角色，抑制水体的富营养化，提高水体的产出率。具体投放量为每亩 400 尾左右，其中鲢、鳙鱼占 60%（鲢、鳙鱼比例为 4:1），草、鳊鱼占 15%，鲫、鲤鱼占 25%。为提高池塘经济效益，有效控制小型野杂鱼的过度繁殖，池塘可套养鳜鱼，放养量为 25～20 尾/亩。

四 饲料投喂

1. 饲料要求

成鳝的饲料种类多种多样，鲜活鱼虾、螺、蚌、蚬、蚯蚓、蝇蛆、畜禽屠宰下脚料等动物性饲料和新鲜麦芽、大豆饼（粕）、菜籽饼（粕）、青菜、浮萍等植物性饲料以及配合饲料均可。要求选用新鲜、适口、无腐败变质、无污染的饲料。配合饲料应营养全面，质量上符合《无公害食品　渔用配合饲料安全限量》（NY5072—2002）的规定。禁止擅自在饲料中添加激素和其他抗生素。严禁投喂过期饲料。饲料应存放于通风干燥处，不得与农药、柴油等物质同处一室，以防污染。

2. 驯食

影响成活率的关键期为黄鳝入箱前 15 天。放养后的前两天不投喂，第 3 天开始投喂，饲料投喂在食台上。食台用高 10cm、边长 40～50cm 的方框制成，框底和四周用纱窗布围住。食台固定在箱内水面下 20cm 处，每箱一个食台。

野生鳝种入箱后先用蚯蚓、河蚌、田螺、鱼浆等鲜活饵料饲喂，每天下午 6：00～7：00 投喂。7 天后待黄鳝摄食正常，每 100kg 黄鳝用 0.2～0.3g 左旋咪唑或甲苯咪唑拌饲驱虫 1 次，3 天后再驱虫 1 次。然后开始驯食配合饲料，驯食时，先以 90% 以上的鲜活饲料搅碎拌和 10% 的配合饲料投喂，以后每天逐渐减少鲜活饲料的比例，增加配合饲料的比例，经 5～7 天驯饲，黄鳝便能够摄食配合饲料。

人工培育的、已经过驯食的鳝种入箱后，第 3 天可直接投喂配合饲料。

3. 投饲

投饲方法遵循"定质、定量、定时、定点"的原则。

定质：配合饲料应在有效期内使用，鲜活饲料在投喂前应洗净，在沸水中放置 3～5min，或用 20mg/L 的高锰酸钾溶液浸泡 15min，或 5% 的食盐溶液浸泡 5～10min，再用淡水漂洗后投喂。投饵时要先投大的后投小的，先投粗的后投细的，大的饵料要切碎投喂。

定量：根据季节、天气、水质和鳝种的活动情况适时调整食量，所投饲料以 2h 内吃完为宜。摄食旺季，水温 20~28℃ 时，配合饲料日投饵量为鳝体重的 1.5%~3.0%，鲜活饲料日投饵量为 5%~12%；水温 20℃ 以下或 28℃ 以上时，配合饲料日投饵量为 1%~2%，鲜活饲料日投饵量为 4%~6%。

定时：水温 20℃ 以下或 28℃ 以上时，一般每天在下午 6：00 左右投喂；水温 20~28℃ 时，一般每天投喂两次，时间为在上午 9：00 和下午 6：00。

定点：饲料投喂在食台上。食台固定在箱内水面下 20cm 处，每箱设一个食台。

五 日常管理

1. 水质与池塘管理

黄鳝对水深的要求在各个生长阶段并不相同，投苗前后水位控制在 1m 左右，盛夏和越冬时池塘水位最好能达到 1.5m 以上。春、秋季每周换 1 次水，夏季 1~2 天换 1 次水，高温季节每天换 1 次水。每次换水，先捞出剩余的饵料，再排出池水的 1/3，然后注入新水到原来的水位。如果外源水质不良、水源不足，则不进行换水；换水还应当注意水的温差不可过大，控制在 3℃ 以内。

应保持水质清爽，勤换水，保证水中溶氧量不低于 3mg/L。定期施用生石灰以调节酸碱度，控制池水的 pH 为 7.0 左右。每隔 15 天全池泼洒微生物制剂 1 次，以调节水质。

2. 网箱管理

坚持早、中、晚巡箱，随时掌握黄鳝吃食和活动情况，及时捞出病鳝；注意每天清洗食台，将残饵清洗干净，以免影响箱内水质；经常检查网箱，发现损坏及时修理；定期冲刷箱壁上的附着物，保持箱内外水体交换通畅；经常将箱内过多的和死亡的水草捡出，并在远离养殖地点进行处理。养殖一段时间后，放养密度较大的箱，要及时分箱调整；做好防盗、防逃、防水老鼠等天敌的工作。

3. 病害防治

高密度养殖条件下，黄鳝得病后很难医治。养殖期间应坚持

"以防为主，防治结合，及早发现，及早治疗"的原则，采取生态预防和药物预防相结合的措施，有效减少疾病的发生概率。其要点有：

1）保持良好的空间环境，满足黄鳝喜暗、喜静、喜温暖的生活习性要求。

2）加强水质、水温管理，科学合理地换水，及时加注新水；适时提高水生植物的覆盖面积，及时捞出死亡水草，避免败坏水质；提高水位确保水面不结冰，搭建塑料棚防寒等。

3）搞好环境、鳝体、饲料、食台、工具消毒。

4）在箱中搭配放养少量泥鳅以活跃水体，避免黄鳝相互缠绕而致病。

⚠ 【注意】 驯食成功前不宜放养泥鳅等鱼类，过早放入会与黄鳝抢食而不利于驯食。最好在驯食成功1周后再放养泥鳅。

在药物预防和治疗疾病时，注意所选渔药应对黄鳝刺激性小。渔药使用应符合《无公害食品　渔用药物使用准则》（NY5071—2002）的规定。

⚠ 【注意】 鱼病防治中，鼓励使用中草药防病治病；禁止使用孔雀石绿、痢特灵（又名呋喃唑酮）等违禁药物；严禁使用未取得生产许可证、批准文号、产品执行标准的渔药。渔药不要与农药、柴油等物质混在一起存放；渔药应在保质期内使用。

实例5　池塘网箱养黄鳝（1）

2008年，江西省宜黄县中港乡龙岗村返乡农民工曹××利用池塘网箱养殖黄鳝，获纯利1.6万元。在他的影响下，2009年，宜黄县池塘网箱养殖发展迅猛，面积达608亩，网箱达2.4万只，产量达400吨。宜黄县农业局水产站于2009年3月选择宜黄县黄陂镇振兴特种水产养殖专业合作社，进行健康养殖黄鳝试验，通过近一年的努力，取得了较好的成效。

1. 池塘条件

选择背风向阳，水源充足，进排水方便的池塘，单口池塘面积2亩左右，水深1.5m左右，池底淤泥在10cm以内。

2. 网箱的制作及设置

选用聚乙烯无毒无结节网片，网目大小以鳝苗不会逃逸为准，网箱上、下采用直径为8mm的纲绳作筋，制成长方体敞开固定式网箱，规格为3.0m×2.0m×1.2m。每口池塘设置网箱80只，呈"非"字形排列，箱距0.5m、行距2m左右。用木棍或竹子固定，箱体高出水面40cm，水下80cm，箱底距池底40cm。鳝苗入箱前30天设置好网箱，使网衣在水中软化并附着藻类，避免鳝苗擦伤。鳝苗放养前在网箱中移植油草（彩图7）、水花生、水葫芦，覆盖面积占网箱面积的70%左右。

3. 鳝苗投放

6月20~30日，从外地购进野生鳝苗12吨，平均23g/尾，每只网箱投放5.5kg。

4. 饲养管理

（1）驯食 鳝苗投放后的第3天选用新鲜野杂鱼加工成鱼糜，每天下午6∶00左右投喂1次。从第7天开始投喂野杂鱼糜和黄鳝配合饲料的混合物，大约经过20天的驯食，即可养成较好的摄食习惯。

（2）"四定"投饵 养殖遵守"四定"投饵原则。当水温低于20℃或高于30℃时，傍晚投喂1次，投饵量为3%左右；当水温在20~30℃时，每天清早及傍晚各投喂1次，投饵量为7%左右，以2~3h吃完为宜。要求投喂的饵料新鲜不变质，每次在固定的位置投喂。

（3）疾病防治 鳝苗下箱前采用15g/m³的聚维酮碘溶液浸泡消毒10min，并在网箱水体中加入1g/m³的维生素C，防治鳝苗因长途运输及机械损伤而引发的细菌性病、发狂病等。每半个月，每亩用10kg生石灰对养殖水体进行泼洒消毒1次，每月内服甲砜霉素1个疗程（2~3 天）。在黄鳝饵料中不定期添加保肝素、电解多维、鱼肝油等，增强黄鳝的抗病力。

（4）巡塘检查 坚持早、晚巡塘，检查黄鳝的吃食及活动情况。定期清洗网箱，检查网箱是否被水老鼠咬破，有无鸟叼鳝苗的情况。下雨天注意调整网箱吃水位置，防止黄鳝外逃。

5. 效果

经过近 5 个月的饲养，在 2080 只网箱内，共投放鳝苗 45.8 万尾，养殖成活率达 86%，共产商品鳝 36 吨，平均规格达 82g/尾，实现销售收入 150 万元，扣除鳝苗、新鲜杂鱼、饲料、固定资产折旧、管理费用等 92 万元，纯利润 58 万元，每亩获纯利 11 154 元。

> ➡ **【提示】** 根据该实例经验，在油草、水花生、水葫芦三种水草中，养鳝池内移植油草效果最好。

实例6 池塘网箱养黄鳝（2）

江苏省泰州市日盛生态农业发展有限公司，占地 400 亩，目前是江苏省最大的黄鳝生态养殖基地。基地采用"专业合作社 + 农户"形式，统一负责技术指导、供应种苗、统一组织销售，带动更多养殖户从事黄鳝养殖产业，拥有丰富的养殖经验。

1. 合理选择及投放网箱

用聚乙烯网片制作网箱，毛竹固定，规格为（4~5）m×（3~4）m×1.2m，箱体露出水面 0.4m，在池塘中呈"非"字形排列，网箱面积不超过池塘总面积的 60%。鳝种放养前半个月，将网箱入水，在箱内放水草，水草覆盖面积占网箱面积的 95% 左右，水草头不高出箱口，防止鳝鱼顺着水草外逃。鳝种放养前 10 天左右，池塘用生石灰或漂白粉彻底消毒。

2. 选好鳝种

鳝种用人工培育并通过驯化的深黄大斑鳝或金黄小斑鳝，不用杂色鳝苗种和没有经过驯化的苗种。苗种规格为 50~80 尾/kg，大小分养，防止饲料不足时导致互相残杀。

3. 选好放养时机

放养时间为 4~5 月或 7~8 月，放养密度为 1~1.5kg/m²。放养前用 3%~5% 的食盐溶液浸浴鳝体 10min。

4. 饲料投喂

黄鳝苗种投放后，前 3 天不投喂。第 4 天开始投喂饲料。下午 7:00 左右投喂，饲料以黄鳝专用配合饲料为主，辅助投喂一些敲碎的螺蛳、蚯蚓和黄粉虫等。

5. 养殖管理

黄鳝生长季节为 4~10 月，旺季为 5~9 月。养殖期间，管理做到"勤"和"细"。勤巡池，细心观察黄鳝的吃食情况、生长状态，检查网箱有无漏洞，以便及时采取相应措施。保持池水水质清新、水位适宜，控制箱内适宜的水草密度，夏季采取有效措施以遮阴降温。

6. 防病重于治病

注重疾病防治，无病先防，有病早治。养殖期间每隔 10~15 天，用漂白粉全池泼洒 1 次。同时在池塘中放养一些银鲫，能有效杀灭水蛭等黄鳝天敌。

7. 效益分析

每亩最低放置 30 只网箱，每只网箱产出 22.5kg 黄鳝，市场批发价为 60 元/kg，总产出 40 500 元；每亩网箱、鳝种、饲料、疫病防治、人工管理等投入费用，总计 20 700 元；每亩利润 19 800 元，加上鲢鱼、草鱼等其他水产品收益，每亩净利润 20 000 元左右。

第二节 土池养黄鳝

一 养鳝池塘的建设

1. 养鳝土池的建设

养鳝土池，要选择气流通畅，土质密实，水源充足、无污染源的地方。土质最好为中性土壤，盐碱地最好不要用来养黄鳝。

池塘形状可圆可方，最好是东西走向，池塘大小要根据养殖规模而定。建池时从地面向下挖 30 ~ 40cm，用挖出的土做埂，埂宽 1m 左右、高 40 ~ 60cm，池埂要层层夯实，池底也要夯实，以免黄鳝打洞逃走。有条件的地方，最好用黄土、石灰、黄沙制成三合土后，在池底铺 10 ~ 20cm 厚，夯结实。也可以在池底和池壁铺一层油毡，边角都要铺严。然后在三合土或油毡上铺上 20cm（池底）和 10cm（池壁）的壤土，这样既可防止池水渗漏，又可防止黄鳝打洞逃逸（图 4-2）。

在池塘的对角分别设进水口和排水口。进水口可稍高于水面，排水口与池底齐平，能保证排干池水。进排水口均要绑上密眼网布，防止黄鳝逃逸。

图 4-2 养鳝土池示意图

2. 老鳝池的清整、消毒

以前养过鱼的池子，叫老池。老池再次使用前要清整、消毒、施肥和移植水草。具体做法同网箱养殖的清整、消毒。

3. 新建土池的清整

新建土池，放养黄鳝前要注水清池，一是检查新鳝池是否漏水，二是利用水吸收、清除三合土中的有害物质。发现漏水，及时修补。新池应注、排水 3 ~ 4 次，每次浸泡 2 ~ 3 天。

十几天后，在排干水的池底铺上 20 ~ 30cm 厚的肥泥，用脚踩实。肥泥用青草、厩肥、土壤混匀后沤制而成。肥泥铺好后，在池中种植水葫芦、水花生、轮叶黑藻等水生植物，供鳝池降温和黄鳝隐藏栖息。最后注入 30cm 左右的清水。

1. 鳝种放养（图4-3）

图4-3 土池鳝种放养

鳝种放养时要注意的事项如下。

（1）**时间** 最好在3月底至4月初，水温达到15℃时，先消毒池塘，2周后再放鳝种。

（2）**鳝种消毒** 鳝种入池前要消毒。用大盆或木桶注入清水，在15~20℃水温下，用2.5%~3%的食盐溶液浸浴5~8min，或用20~30g/m³的聚维酮碘溶液（含有效碘1%）浸浴10~20min，或用0.1~0.2g/m³的四烷基季铵盐络合碘溶液（季铵盐含量50%）浸浴30~60min消毒。水温高时，浸泡时间要缩短。在浸泡过程中，要随时观察，发现鳝种有强烈不安或上浮不止等不正常反应时，要立即捞出。消毒后的鳝种要及时入池，若不能及时入池，要用清水冲洗1~2次，再放入浅水中暂养。

（3）**鳝种规格** 放养前鳝种要进行挑选，大小分开，体长相近的鳝种要放在同一个池中饲养，体长相差大的要分池饲养，否则就会出现大鱼吃小鱼的情况。

（4）**放养密度** 规格为20g/尾的鳝种，每平方米放50~60条左右，有经验的养殖户可放到 100 条左右。规格大的鳝种少放，规格小的鳝种可多放。

2. 饲料投喂

黄鳝的饲料主要包括动物性饲料、植物性饲料和配合饲料。

(1) 动物性饲料的来源 黄鳝喜食的鲜活饲料主要有蚯蚓、蝇蛆、黄粉虫、蚕蛹等，可利用小块零星荒地、庭院边角地和废旧的沟塘自己养殖，也可实行鳝蚓合养。

黄鳝也喜食小鱼、田螺肉、蝌蚪、蜻蜓幼虫、摇蚊幼虫等。黄鳝摄食小鱼是有选择性的，细而长的鱼，如麦穗鱼、鳌条鱼、银飘鱼、孔雀鱼等常常先被吃掉，而鲫鱼、罗非鱼、黄颡鱼等体高或有刺的鱼，黄鳝不太喜欢吃。田螺可以在小河沟、稻田、池塘中轻易捞到，如果需要量大，可以自己培育。小鱼可以在湖滨、沟渠等鱼虾多的地方，敷设定置网具，如迷魂阵、小刺网、小张网等，定时收取上网的鱼、虾及水生昆虫，大鱼可以卖，小杂鱼就作为黄鳝的饵料；也可以结合"四大家鱼"进行饲养池拉网，把野杂鱼和蜻蜓幼虫、蝌蚪等挑出，作为黄鳝饵料；也可以定点收购小鱼虾、螺、蝌蚪和各种水生昆虫。

⚠ **【注意】** 收购小鱼虾、螺、蝌蚪等鲜活饵料时，要选鲜、选小。

在黄鳝池上搭棚架种植一些瓜、豆、葡萄，既能遮阴、降温，又能招引昆虫。再在棚架上吊挂电灯，用黑布蒙住，离池中水面20cm 高，晚上打开，诱引昆虫入池供黄鳝捕食（图4-4）。

把畜禽的下脚料，如猪血、羊血、羊下水、猪下水收集起来，洗干净、煮熟、切碎再投喂；蚕蛹晒干后也可以用来喂黄鳝。大规模养殖还可以驯化喂食配合饲料。

(2) 投饵 黄鳝的生长季节从 4 月至 11 月底，生长最快的季节是 7~10 月、水温 25℃ 左右这一段时间。野生鳝种入池后，要先驯食，驯食方法同网箱养殖。人工培育的鳝种入池后第 3 天可直接投喂配合饲料。

如果鲜活饵料充足，饲养期间，鳝饵应以蚯蚓、蝇蛆、螺蚌肉及畜禽内脏等新鲜饵料为主，同时辅喂适量的麦麸、饼粕、瓜果等植物性饵料或人工配合饲料。动物性饵料一般洗净后，用 $20g/m^3$ 的高锰酸钾溶液浸泡 10min，再用清水漂洗干净。

图 4-4 灯光诱虫示意图

投喂时，要投放在沉于水面下 3cm 左右的食台上。为避免集群争食，食台应适当多设，分散投喂。严禁投喂被污染或腐败变质的饵料。投饵要坚持"定时、定点、定质、定量"的原则。每天傍晚投喂 1 次，在摄食旺季，白天可加投 1 次，但饵要鲜活，量要小，占日投饵量的 1/4。投饵时要先投大的后投小的，先投粗的后投细的，大的饵料要切碎投喂。1 天的投饵量根据池中黄鳝总体重确定。放养黄鳝时称量鳝种的总体重，入池后 1 个月内按总体重的 3% ~4% 投饵，随着黄鳝的长大，摄食旺期的来临，水温 20～28℃时，一般每天鲜饵投饵量为黄鳝体重的 10% 左右，干饵量为鲜饵的 50%。水温降至 20℃以下或升至28℃以上时，日投饵量占黄鳝总体重的 3%～4%。每天早晨要坚持巡塘，及时捞出残饵，如果剩饵较多，要减少投饵量。

⚠️ 【注意】 鳝鱼饲养期间，根据天气、水温、水质情况、鱼的摄食情况适当调整投饵量是养殖成功的关键，若遇到恶劣天气或水质恶化、鱼摄食量下降等情况，一定要减少投饵，不要强投，造成剩饵，败坏水质，引发疾病。

3. 日常管理（图 4-5）

投喂优质活饵料

保持水质清新

防止敌害侵入

检查防逃设施

图 4-5　土池养鳝管理

（1）调节水质 鳝池水深控制在 30～60cm 左右（根据水温调节）；及时清除池中残饵及污物，保持水质"肥、活、嫩、爽"，水色清爽，呈淡褐色或浅黄褐色，且经常变化，使池水肥而不老；春、秋季每周换 1 次水，夏季 1～2 天换 1 次水，高温季节每天换 1 次水。每次换水，先捞出剩余的饵料，再排出池水的 1/3，然后再注入新水到原来的水位。定期施用生石灰以调节酸碱度，控制池水的 pH 为 7.0 左右。在池中放养鱼虫不仅有净化水质的作用，还能为仔鳝提供鲜活优质的饵料。

（2）控制水温 黄鳝养殖最适温度是 24～28℃。养殖期间要采取有效措施，尽量将水温控制在该范围之内。控制水温的方法有以下几种。

1）加水。当水温升至 30℃ 以上时，应及时放掉表层 1/3 的水，加注新水，有条件的最好采用小流量的常流水。新水应缓缓冲入，加水前后温差不大于 3℃。

2）遮阳。在池上方搭遮阳棚，栽种葡萄、丝瓜、扁豆等攀爬经济作物，使之沿棚架生长，面积占池面的 1/3～2/3，让池水既保持一定光照，又避免水温过高。

3）种草。池水中种植水葫芦、水花生等漂浮水草，水草面积控制在水面面积的 50% 以内，池内放置少量瓦块、树桩等，供黄鳝栖息、隐藏和避暑。

（3）防治疾病 黄鳝在养殖过程中，一旦得病很难治疗。因此，养殖时，要树立"以防为主，防治结合，重在预防，及时治疗"的防治疾病的原则。选择苗种时，仔细检查，去掉伤病残的鳝种；运输、下塘时，谨慎操作，轻拿轻放，避免苗种受伤；下塘前，苗种消毒要得当；下塘后，及时投喂新鲜适口、充足的饵料，及时捞出残渣剩饵；保持水质清新，溶氧充足；搭遮阴棚，及时降温；每天早、中、晚巡塘，看天、看水、看鱼，发现不良状况，及时采取补救措施；记好养殖日志，为防治疾病提供第一手资料。

（4）防逃 经常检查进、排水口的塑料网或铁丝网是否完好，发现漏洞，及时修补。雨天要及时排掉多余的水。

（5）防害 晚上勤巡塘，捕捉青蛙，堵蛇洞；在池边栽一些荆棘，防止狗、猫等靠近水边；在池周竖几个稻草人，避免翠鸟叼鱼。

实例7　土池养黄鳝

2007 年，四川省南充市仪陇县丁字桥镇元滩村林××投资 32 万元，租地 8 亩，建起了黄鳝养殖场，由于喂养得当，年收入达 8 万多元，成了远近闻名的黄鳝养殖能手。他的经验是要使池养黄鳝高产高效，深秋饲养管理是关键。

1. 改善水质

控制鳝池水深在 30cm 左右，及时清除残饵污物，保持水质"肥、活、嫩、爽"，水色清爽，呈淡褐色或嫩蓝色，且经常有变化，使池水肥而不老。每隔 1~2 天换水 1 次，定期施用生石灰以调节酸碱度，控制池水的 pH 为 7.0~7.8。

2. 控制水温

初秋气温较高，阳光直射水面，水温会快速上升，影响黄鳝食欲，抑制其生长速度，甚至染病死亡。此时期应把水温控制在 28℃以下，方法如下。

（1）加水　当气温升至 35℃左右时，放掉表层 1/3 的水，加注新水，有条件的最好采用小流量的常流水。新水应缓缓冲入，经一段时间，细流入池，确保水的温差不大于 2℃。

（2）遮阳　在池上方搭遮阳棚，面积占池面的 1/3~2/3。池旁栽种葡萄、丝瓜、扁豆等经济作物，让池水既保持一定光照，又避免水温过高。

（3）种草　在池水中种植水葫芦、水花生等水草，水草面积控制在水面面积的一半以内。池内放置少量瓦块、树桩等，供黄鳝栖息、隐藏和避暑。

3. 加强饲喂

深秋黄鳝摄食旺盛，应保证饲料质优量足，以促进黄鳝快速生长。鳝饵以蚯蚓、蝇蛆、螺蚌肉及畜禽内脏等新鲜饵料为主，同时辅喂适量的麦麸、饼粕、瓜果等植物性饵料。动物性饵料一般洗净后，用 20g/m³ 的高锰酸钾溶液浸泡 3min，再用清水漂净后投放在水面下 3cm 左右的饵料台上。一般每天鲜饵投饵量为黄鳝体重的 8% 左右，干饵量为鲜饵量的一半，严禁投喂被污染或腐败变质的饵料。投饵要坚持"定时、定位、定质、定量"原则，特别应注意投饵量，若遇到恶劣天气鳝鱼摄食量减少时，应适当减少投食。

4. 防逃治病

天气突变会使鳝鱼感到不适、焦躁不安而伺机逃走，特别是在雷阵雨或夜间暴雨时，其外逃可能性最大。因此，应经常检查池壁、池底是否有裂缝，进、排水口防逃网是否完好，水深是否接近池埂，从而及时采取补救措施。此外，深秋也是鳝病高发期，应科学地采用生态预防和药物预防疾病。加强巡塘，及时发现疾病，及早诊断，及早治疗。

第三节　稻田养黄鳝

一　养鳝稻田的选择和改造

1. 养鳝稻田的选择

养殖黄鳝的稻田必须水源充足，水质良好，管理方便，排灌方便，旱季不干，大雨不淹，无污染，地下没有冷泉水往上涌。稻田所处地形要平坦，坡度较小，要求田埂高而牢固，能保水 30cm 以上，不易被冲垮。稻田中种植的最好是单季中稻或晚稻。

稻田面积以 1 公顷以内为好，土以壤土和黏土为好，土质肥沃疏松，保水力强，腐殖质丰富，耕作层土质呈酸性或中性。泥层深20cm 左右，干涸后不板结，容水量大，保肥力强，特别是鱼沟、鱼凼中的水要经常稳定在所需水深，水温也要较稳定，有利于培育天然饵料。

2. 养鳝稻田的改造

养殖黄鳝的稻田必须经过一系列修整才能使用，包括建防逃墙、挖鱼沟、鱼凼，建进、排水口，加装防逃网等。

（1）建防逃墙　防逃墙建在稻田四周，高 1.1m，用高砖砌成。水面以下50cm 砌到硬泥层，水面以上砌50cm，顶部用砖砌成"T"形，并用水泥勾缝，防止黄鳝一条条用尾巴勾在砖缝搭起"架子"

逃跑。也可以在稻田四周用水泥瓦砌防逃墙，水泥瓦底部埋上1根高1m左右的木桩，在木桩内侧沿稻田四周钉上50cm高塑料薄膜，薄膜底部埋入土中20cm，木桩和塑料薄膜略向内侧倾斜。

（2）挖鱼沟、鱼凼（图4-6） 鱼沟就是鱼在稻田中的通道，鱼凼就是稻田中的深水部分，是黄鳝栖息的主要场所，又叫鱼窝、鱼溜。

图4-6 各种稻田鱼凼、鱼沟示意图

鱼沟又分环沟、中心沟和垄沟三部分，根据田地大小可挖成"田"、"目"、"围"字形，中间为主沟或中心沟，四周的"口"就是环沟，环沟不要紧靠田埂，要离开田埂1m，防止下雨时冲垮田埂淤塞了鱼沟。挖鱼沟时，先开环沟，再挖中心沟，然后开沟起垄种水稻。环沟要在水稻插秧前1周开挖。先在稻田中施足基肥，用犁翻后耙平，隔两天排干田水，使浮土沉实，在田四周离田埂1m处挖宽50cm、深50cm的环沟，田埂边做一垄栽插水稻，以防田埂塌陷漏水逃鱼。开挖环沟的表层土可用来加高田四周的垄面，底泥可用来加固田埂。然后再开挖中心沟，与环沟相通，视田块大小及形状，开挖成"一"、"二"、"十"、"井"字形，深50cm、宽50cm。

环沟、中心沟开挖后，根据稻田类型、土壤种类、水稻品种、鳝种放养规格的不同要求开沟起垄。起垄开沟分两次进行，第1次先起模垄，隔1~2天待模垄泥浆沉实后，再第2次起垄。起垄时垄沟要直，东西走向最好。垄沟一般深20~30cm，以到硬泥层为宜，垄沟宽33~40cm，垄面宽有52.8cm、66cm、92.4cm、105.6cm 4 种规格。在垄面上种稻，在垄沟里养鳝。当然，也可以只要中心沟和环沟，不要垄沟。

鱼凼一般在稻田的中央和四角、沟与沟相交的地方，形状有长方形、方形、圆形和椭圆形，以长方形和方形为好，深0.5~1m。凼壁和凼底用砖或石砌成，水泥勾缝。凼底铺30cm肥泥。鱼凼周边缘要堆高、宽各10cm的凼埂，埂上可以栽种瓜豆、葡萄等作物，也可以搭遮阴棚。

鱼沟、鱼凼也可以用作繁殖饵料生物的场所，靠近排水沟的鱼沟沟底或鱼凼凼底，用鸡粪、牛粪和猪粪等混合铺10~15cm厚，上面再铺10cm厚的稻草和10cm厚的泥土，让肥分慢慢释放出来，既培养饵料生物，又可让黄鳝在高温时避暑，田水干涸时栖息。

（3）进、排水口装防逃网 稻田的进水口、排水口一般都不会安塑料管，而只是在稻田的对角上分别挖缺口作为进、排水口，这样的缺口一定要装坚固的防逃网。防逃网可以用网目为2mm的铁丝网或周围带木框架的塑料、尼龙网布，也可以用竹篾编织（图4-7）。

防逃网网面成"n"形，进水口凸面朝田外，出水口凸面朝田内，以加大过水面积，避免有时水流过大冲垮防逃网。面积小、过水量不大的田块，建一道防逃网就行；面积大、过水量大的田块，进、排水口都要建两道防逃网，第 1 道网目可稍大，阻拦草渣、浮萍、浮沫或其他杂物，第 2 道网目要密，能拦住田中最小的黄鳝。

图 4-7　防逃网

二　稻田养殖黄鳝要点

1. 稻田修整与消毒

先选稻田，再建防逃墙，插秧前 1 周挖鱼沟、鱼凼，建进、排水口，安装防逃网。多年养鱼的稻田，要对上述设施进行修整，并在插秧前 15 天消毒。常用药物有生石灰和漂白粉，生石灰每 $100m^2$ 用 4～5kg，漂白粉每 $100m^2$ 用 0.5kg，加水溶化，全池泼洒，底泥还要用耙子耙一遍，使药力充分杀灭泥中的细菌和杂鱼虾。7～8 天后，放进几条鱼试水，观察是否活动正常，如果没有异常情况，说明药物毒力消失，就可以施肥、插秧、放鳝种了。

2. 放养

放养的鳝种就近收购，运输时间越短越好，鳝种最好是深黄大斑鳝或土红大斑鳝，身体健壮，无伤、无病、无残，活动有力，规格大小一致。以 40 尾/kg 左右为宜，放养密度为 $0.5kg/m^2$ 左右，一次性放足，规格大的鳝种要少放。同时可放养少量鲫鱼、泥鳅、青虾等，为黄鳝提供基础饵料。鳝种放养时用 2.5%～3.0% 的食盐溶液浸浴 5～8min，以防黄鳝生病。

3. 投饵

鳝鱼喜食鲜活蚯蚓、小鱼虾、黄粉虫、蚕蛹、蛆虫等动物性饵料,还可以吃禽畜的内脏、碎肉、下脚料,适当搭配麦芽、豆饼、豆渣、麦麸或瓜果、蔬菜。若养殖中大量的鲜活饵料难以保证供应,必须及早驯化,使其摄食人工配合饲料。

驯食一般在苗种放养数天后,已适应新环境后开始。方法同网箱养殖。

投饵要"定时、定点、定质、定量"。每天下午7:00投喂,7~9月为摄食旺季,上午加喂1次,不要随便改变投喂时间。投喂时要把饵料放在鱼凼内的食台上,食台就是在鱼凼内吊放一个用木框和密眼网做的台,在水面下3cm处。饵料一定要新鲜,残饵及时清理,每天投喂量为黄鳝总体重的4%~8%,气温低、气压低时少投,天气晴好、气温高时多投,以第2天无剩饵为准。

【小技巧】>>>>

> 稻田四周装几盏黑光灯或日光灯,夜晚打开一段时间,既便于观察鳝鱼活动,又能引诱昆虫供黄鳝摄食,增加黄鳝的动物性饵料。

4. 保持水深

稻田中水位的保持要采取"前期水田为主,多次晒田,后期用干干湿湿灌溉法"。具体操作是:8月20日前,稻田水深保持在6~10cm,20日开始排干田内水,鱼沟、鱼凼内水位保持在15cm,晒田。而后再灌水并保持水位在6~10cm,到水稻拔节孕穗前,再轻微晒田1次。从拔节孕穗期开始至乳熟期,保持水深6cm,随后灌水与晒田交替进行到10月中旬。10月中旬后保持稻田水位在10cm至收获。

5. 管理

坚持早、晚巡查,要认真观察黄鳝生长情况、吃食情况,发现疾病及时治疗;水稻施肥、喷药时,要把黄鳝引诱到鱼凼内,排干鱼沟内的水再进行；要经常检查围墙、防逃网是否有逃鱼迹象，及时采取相应措施，注意清除敌害。雨天要检查排水口是否畅通；要勤换水，保持良好水质和较低的水温，高温季节要在鱼凼上方搭棚遮阴，鱼凼内可以少量种植一些水花生和水葫芦，既净化水质，又降低水温。每当天气有变化时，更要注意观察黄鳝活动状况。天气闷热时，发现黄鳝出洞，竖起身体前部，头露出水面，说明水中缺氧，要及时换水，如果发现黄鳝离开洞穴，独自懒洋洋地游泳，身体局部发白，说明黄鳝有病，要及时采取措施预防传染。

三　水稻栽培

水稻应选择生长期长、抗病害、抗倒伏的品种。移栽时推行宽行密植，株行距一般为 15cm×15cm。水稻移栽前要施足基肥，以长效饼肥为主。防治水稻病虫害时，应选择高效低毒或生物农药，常见农药中对黄鳝影响最大的是敌敌畏、对硫磷（禁用农药），其次是乐果。喷药时喷头向上对准叶面，并加高水位。用药后及时换水，防止农药对黄鳝产生不良影响。在水质管理上坚持早期浅水位（5~10cm），中期深水位（15~30cm），后期正常水位，基本符合稻、鳝生长的需要。

四　稻田的施肥

施肥对水稻和养鱼都有利。养鳝稻田施肥要以基肥为主，追肥为辅，有机肥为主，化肥为辅。有机肥多为人畜禽的粪尿。化肥有磷肥、氮肥、钾肥，常以钙磷肥和过磷酸钙为主。钙镁磷肥施用前应先和有机肥料堆沤发酵，堆沤时将钙镁肥拌在 10 倍以上的有机肥料中，沤制 1 个月以上；过磷酸钙最好也与有机肥料混合使用，或与厩肥、人粪尿一起堆沤；氮肥主要有尿素、硫酸铵、碳酸铵。钾肥主要有硝酸钾、硫酸钾。

施肥时，要在插秧前施基肥。人畜粪肥作基肥每亩施 800~1 000kg；长效尿素作基肥，每亩用 25kg；碳酸铵作基肥，每亩用 25kg。可补充 3kg 硫酸钾或硝酸钾、3kg 过磷酸钙或钙镁磷肥。1 周后插秧和放鳝种。以后在生长期内，经常追肥，追肥量少次多，分片撒施。基肥占全年施肥量的70%～80%，追肥占20%～30%。几种常见化肥的安全用量为每亩：硫铵10～15kg；尿素5～10kg；硝酸钾3～7kg；过磷酸钙5～10kg；碳酸铵15～20kg。碳酸铵必须用土制成球肥深施。过磷酸钙不能与生石灰混合使用，两者能起化学反应，降低药效。

⚠️ **【注意】** 稻田中常用的对鳝鱼有影响的主要化肥，如果按常规量施用，一般没有危险。但在施肥时，一定要先把鳝鱼引诱进鱼凼内再施肥。

五　稻田的用药

养鳝稻田施药要选高效低毒农药，如乐果、杀虫双、敌百虫、叶蝉散、稻瘟净等。它们的常规施用量分别为每亩稻田乐果60～75kg、杀虫双25%的水剂500倍溶液喷雾、敌百虫50～15g、叶蝉散2%的粉剂2kg、稻瘟净40%的乳剂50～150g。这些药物的常规用量都远低于鱼类的安全浓度，因此只要认真按说明施放，就对鳝鱼无害。但对某些在环境中消解缓慢的农药，应考虑到它在鱼类体内造成的积累和慢性中毒。如杀虫双，它对鱼类低毒，但却在水中慢慢降解，易在鱼体内积累。因此，中稻田在应用杀虫双时，最好在二华螟发生盛期喷施，即水稻生长的前期，后期不要用。

施药时先加大水深，稻田水层保持在6cm以上，粉剂药应在早晨稻株带露水时撒，水剂应在晴天露水干后喷洒。下雨不要施药。喷洒时，喷雾器喷嘴伸到叶下，由下向上喷，尽量喷洒在水稻茎上，减少农药落入水中，不提倡拌土撒施。施用毒性较大的农药，可将田水放干，把鳝鱼引诱到鱼凼内，再施药，待药力消失后，再向稻田中注水，让鳝鱼游回田中。有时鳝鱼可能要在鱼凼中等很长时间，为避免缺氧，要每隔1～2天向鱼凼内冲1次新水。也可以采用分片施药的方法，即1块田分天施药，第1天半块田，第2天另半块田。

⚠ 【注意】 稻田用药不要选择杀虫脒（又名克死螨、"脒8"等），该药物已被农业部列在动物性食品生产禁用品清单中。

≡ 实例8　稻田养黄鳝

1997 年，河北蓟县建阳镇建设村祁××在 0.67 公顷稻田中饲养黄鳝，于 4 月中下旬投放尾重 50g 左右的鳝种 51kg，计价 500 元，至年底捕捞上市共 128kg 成鳝，平均尾重达 150g 左右，获利 7 680 元，取得了较好的经济效益。现将其做法及经验总结如下。

1. 稻田的选择及要求

选择保水性能好、地势低洼、进排水方便的稻田，加高加固田埂，达到不渗水漏水；在田块四周内侧离田埂 3～5m 外挖一圈环沟，宽 5m、深 1m，在田块中间开挖 "＋" 或 "井" 字形小沟，宽 50cm、深 30cm，并与四周环沟相通；建好进、排水系统，安装坚固的拦鱼设施。

2. 投放种苗

4 月中下旬放养优质健壮、大小一致、尾重 50g 左右的黄鳝苗种，一次性放足 51kg。放养时用 3%～4% 的食盐溶液浸浴 10min，以预防疾病。

3. 饲养管理

(1) 饲料投喂　主要让黄鳝捕食稻田中的天然饵料，视吃食情况，适当投喂猪血、小鱼虾等饲料，以满足其吃食生长的需要。

(2) 水质管理　稻田水位正常保持在 10cm 左右，定期加注新水，前期一般 3～5 天加注新水 1 次，伏暑天每天加注新水 1 次，每次进水增加水深 3～5cm，以防缺氧。

(3) 防治疾病　每半月 1 次用生石灰或漂白粉泼洒四周环沟，并定期使用磺胺嘧啶、氟哌酸（又名诺氟沙星）等内服药拌饲投喂，以防疾病。

4. 捕捞及越冬

前期用竹篾编织的鳝笼，内放蚯蚓诱捕。傍晚放笼，第 2 天清早收笼取鱼。入冬后黄鳝有潜伏洞穴和浅水淤泥或水草中的习惯，先清除水草，然后加大水位，引黄鳝出洞，再放干田水捕捉。

存田越冬，则加深环沟水位，保证结冰不到土层，或使土层保持一定湿度，在表面加盖数层软草垫，就可使其安全越冬。

第四节　水泥池养黄鳝

一　水泥池的准备

1. 水泥池的建造

水泥池有 3 种形式：地上式、地下式和半地下式（图 4-8）。养黄鳝一般不用地上式，因为地上式水泥池夏季温度偏高，冬季温度偏低，对养鳝不利，通常建地下式或半地下式。

地下式　　　　　半地下式　　　　　地上式

图 4-8　各种水泥池示意图

建池要选在背风向阳、靠水源近、周围安静、没有高大树木或房屋遮阳的地方。池子以东西走向，长方形或椭圆形最好。先在平地挖土 30～40cm 深，池壁用砖或块石、水泥浆砌成，水泥抹面，地面以上高 60cm 左右，壁顶用砖横砌成"T"形压口防逃。池底填一层碎石夯平，或用黄土、石灰、黄沙制成三合土后，在池底铺 10～20cm 厚，夯结实。池子不要太大，一般成鳝养殖水泥池面积 2～30m² 均可。

建池时要安排好进、排水管道和溢水管的位置。进水口要高于水面 20cm，排水口位于池的最低处。进、排水口在池中呈对角线排列，口内分别安装 4～10cm 管径的水管，池内一端管口绑上塑料网或铁丝网，防止黄鳝顺管逃走。在池底泥面下还要开一个涵洞，用于排干池水；在池壁最高水位线之上设一溢水管，以供下雨天水位上涨时，自动溢水，防止水漫池面逃鱼。这两种排水设施都要绑上塑料网或铁丝网（图 4-9）。

进水口 池壁 水面   泥层   池底 排水口 地面

图4-9   养鳝水泥池示意图

2. 水泥池的脱碱

养鳝水泥池建好后，也要注水清池，一是检查新鳝池是否漏水，二是利用水吸收、清除水泥和三合土中的有害物质。发现漏水，及时修补。新池注、排水 3～4 次，每次浸泡 2～3 天。十几天后，在排干水的池底铺上 20～30cm 厚的肥泥，用脚踩实。肥泥用青草、厩肥、土壤混匀后沤制而成。

肥泥铺好后，在池中种植些水葫芦、水花生和绿萍等水生植物，占池水面积的 1/3 左右，供鳝池降温和黄鳝隐藏栖息。最后注入 20cm 左右清水。

二 水泥池饲养管理技术

水泥池养殖有流水养殖和静水养殖。

1. 鳝种放养

（1）时间   放养鳝种的时间应最好选择在 4 月底至 5 月初，天气晴朗，水温稳定在 15℃ 左右时为宜。

（2）鳝种消毒   同网箱养鳝。

（3）鳝种规格   放养前鳝种要挑选一下，大小分开，体长相近的鳝种要放在同一个池中饲养，体长相差大的要分池饲养，否则就会出现大鱼吃小鱼的情况。

（4）放养密度   根据饲养方式确定放养密度，放养规格以 20～50g/尾为宜，按规格分池饲养。面积 20m^2 左右的流水饲养池放养鳝种 1.0～1.5kg/m^2 为宜，面积 2～4m^2 的流水饲养池放养鳝种 3～5kg/m^2 为宜，静水饲养池的放养量约为流水饲养池的 1/2。

2. 饲料投喂

野生鳝种入池后宜投喂蚯蚓、小鱼、小虾和蚌肉等饲料，鳝种正常摄食一周后，每 100kg 鳝用 0.2~0.3g 左旋咪唑或甲苯咪唑拌饲驱虫 1 次，3 天后再驱虫 1 次，然后开始驯食配合饲料。驯食方法同网箱养鳝。

人工培育的鳝种，在培育阶段已经能摄食人工配合饲料，可以直接投喂配合饲料。

饲料投喂应做到"定时、定点、定质、定量"。

定时：水温 20~28℃时，每天 2 次，分别为上午 9：00 前和下午 3：00 后；水温在 20℃以下或 28℃以上时，每天上午投饲 1 次。

定点：饲料投喂应固定投放在沉于水面下 3cm 左右的食台上。食台位置随水温变化可进行调整。

定质：动物性饲料和植物性饲料应新鲜、无污染、无腐败变质，投喂前应洗净后在沸水中放置 3~5min，或用 $20g/m^3$ 的高锰酸钾溶液浸泡 15~20min，或 5% 的食盐溶液浸泡 5~10min，再用淡水漂洗后投喂。

定量：水温 20~28℃时，配合饲料的日投喂量（干重）为鳝体重的 1.5%~3%，鲜活饲料的日投喂量为鳝体重的 5%~12%；水温在 20℃以下或 28℃以上时，配合饲料的日投喂量（干重）为鳝体重的 1%~2%，鲜活饲料的日投喂量为鳝体重的 4%~6%；投喂量的多少应根据季节、天气、水质和鳝的摄食强度进行调整，所投的饲料宜控制在 2h 内吃完。

【小技巧】>>>>

进行鳝种的驯食最好不要选择 300m² 以上的较大鳝池，应选择较小的鳝池。因为黄鳝摄食是综合运用嗅觉、味觉和侧线系统，必须在有效的范围内，黄鳝方可发现和捕食食物。

3. 日常管理

（1）调节水质 黄鳝是喜浅水和喜温性的动物，所以在早春季节，水位应控制在 6cm 左右，以利水温上升。生长期水深保持 10~

15cm，并视天气变化调节水深。

黄鳝的生长要求水质肥、清洁、溶氧足，其体表有很多黏液。若养殖密度大，又不及时换水，黏液也会越积越多。这些黏液在分解时要消耗大量溶氧，并产生热量，使水温明显升高，造成黄鳝死亡。因此，要做好换水工作，以保持水质清新，提高黄鳝食欲，加强饵料转化。换水是清除池塘污物、增加溶氧、保持水质清新的有效途径。换水次数应根据黄鳝的放养密度、投饵情况、气温等灵活掌握，时间一般以晴天中午为好。当气温较低时不用换水。气温升至15℃时，可每周换水1次，每次换水占总水量的1/4；气温升到20℃左右时，可每5天换水1次，每次可换水1/3；水温升到25℃以上时，要每隔1~2天就要换1次水，还要经常灌注新水，换水次数也须因水源、黄鳝多少、水质情况而定。黄鳝对水的温差反应较为敏感，一旦换水前后的温差超过3℃，黄鳝就可能患上感冒病而逐渐死亡。所以换水时，应尽可能换同温水。一般措施是增建一个蓄水池，水经曝晒后再进行换水。保持水质"肥、活、嫩、爽"，水色清爽，呈淡褐色或浅黄褐色，且经常变化，使池水肥而不老。定期施用生石灰以调节酸碱度，控制池水的pH在7.0左右。

投饵不宜太多，多了会腐烂发臭，使水质变坏，应及时清除池中残饵及污物。

在池里种一些水葫芦、水花生等水生植物，可以起到净化水质的作用。在黄鳝池周围种上丝瓜、葡萄等爬架植物，夏日可遮挡阳光，降低水温，也能改善水质。在池中放养鱼虫不仅有净化水质的作用，还能为仔鳝提供鲜活优质的饵料。

（2）控制水温 水温采用加水、遮阳、栽种植物的方法控制。具体措施同土池养鳝。

（3）巡池 坚持每天早、中、晚巡池，观察天气、水质和鱼的状况，发现不良状况，及时采取补救措施；残渣剩饵及时捞出；记好养殖日志，为防治疾病提供第一手资料。经常检查进、排水口的塑料网或铁丝网是否完好，发现漏洞，及时修补；雨天要及时排掉多余的水；晚上勤巡塘，捕捉青蛙，堵蛇洞。在池边栽一些荆棘，防止狗、猫靠近水边；在池周竖几个稻草人，避免翠鸟叼鱼。

（4）防治疾病 黄鳝在养殖过程中，一旦得病很难治疗。因此，养殖中，要树立"以防为主，防治结合，重在预防，及时治疗"的防治原则。鳝病的预防宜以生态预防为主，药物预防为辅。

1）生态预防。保持良好的空间环境：养鳝场建造合理，满足黄鳝喜暗、喜静、喜温暖的生活习性要求；加强水质、水温管理；在鳝池中种植水花生等挺水性植物或水葫芦等漂浮性植物；在池边种植一些攀援性植物；在池中搭配放养少量泥鳅以活跃水体；每池放入数只蟾蜍，以其分泌物预防鳝病。

2）药物预防。周边环境用漂白粉喷洒；饲养期间每10天用漂白粉（含有效氯28%）$1 \sim 2g/m^3$ 全池遍洒，或生石灰 $20g/m^3$ 化浆全池遍洒，两者交替使用；坚持"四消"原则：即鳝体消毒，鲜活饵料消毒，食台消毒，工具消毒。食台应每天消毒后，清水冲洗再用。养鳝常用工具，应每周消毒 $2 \sim 3$ 次。用于消毒的药物有 $100g/m^3$ 的高锰酸钾溶液，浸洗30min；5%的食盐溶液，浸洗30min；5%的漂白粉溶液，浸洗20min。发病池的用具应单独使用，或经严格消毒后再使用。

在养殖过程中，应加强巡池检查，一旦发现病鳝，应及时隔离饲养，并用药物处理。

第五节　无土流水养黄鳝

无土流水养殖法就是用水泥池养鳝，池里面不铺土，黄鳝不打洞而利用人工洞穴，水上微流水。这种养殖方式产量高，起捕方便，但成本较高。

一　无土流水池的准备

流水鳝池用水泥、砖或石块砌成。小鳝池的大小为 $2 \sim 4m^2$，池壁高40cm，大部分在地上。有一个进水管，在池底。两个排水管，一个在池底，另一个高出池底5cm，进排水管在池内的一端用塑料网或铁丝网绑牢，防止黄鳝顺管逃跑。若干个小池并成一排，数排组成一个养鳝大池，每两排合用一个进、排水道，与每个小池相连，每排进、排水道与总进、排水道相通。整个养鳝大池由一堵宽厚的围墙组成外池壁，高 80～100cm、宽 30cm 左右，并安装带防逃网的总进水口和总排水口（图4-10）。

每个小池中都纵向排放数排屋脊瓦，作为人工洞穴。

图 4-10　黄鳝无土流水池平面图

二　无土流水池饲养管理技术

1. 放养

流水鳝池建好后，将大鳝池总排水口关闭，蓄满水浸泡10天，中间换3次水，然后把水全部排干。把各个小池底部的排水孔关闭，蓄水，深5cm，然后打开总进水口、总排水口、各小池进水口和排水口，保持每个小池都有微流水，放入屋脊瓦做人工洞穴。然后，进行鳝种消毒，按 2～4kg/m^2 放入鳝种。在水温15℃以上时开始喂食。

2. 投喂

鳝种入池后前3天不喂，第4天开始投喂，如果第4天水温达不到15℃以上，也不要投喂，直到水温达15℃以上再喂。喂食时间要在傍晚，每天1次，摄食旺期上午要增加1次。投喂时要适当加大进水水流，把饲料放在各小池进水口附近，这样黄鳝就会很快出洞戏水争食。每天的投喂量为黄鳝总体重的7%～8%。

3. 管理

要经常检查进、排水口上的防逃网是否结实，是否有洞，发现松脱、有洞及时补修；水流不能太大，只要微流水就行，但时间长了，要把池底排水管打开，加大进水量，使粪便、污物、剩余饵料等顺水冲出池外。养鳝池水浅，黄鳝易遭猫、狗伤害。因此要防止猫、狗靠近池边。要经常观察黄鳝长势，发现黄鳝有大小不均，生长相差悬殊的情况，要及时排干池水，捞出黄鳝，大小分开，在不同的池内饲养。

🐟 实例9　无土养黄鳝

河南省科学院生态环境研究中心通过黄鳝静水无土生态养殖模式，在江苏、湖北、河南、四川、安徽、湖南、辽宁、江西等地建立示范推广基地，取得了较好的社会、经济和生态效益。其特点是：利用人工鱼巢代替泥土；利用水草及水质改良剂改善水质，避免渔业环境污染；采用生态防治技术进行黄鳝病虫害综合防治，解决药物残留问题；通过食物链技术开发环保饲料，降低养殖成本，提高产品品质；采用浅水无土半人工繁殖工艺，实现黄鳝规模化育苗。其关键技术包括黄鳝浅水半人工繁殖技术、配合饲料驯化技术和病虫害防治技术等，其中鳝种筛选和处理是制约黄鳝养殖成败的关键。现将其经验总结如下。

1. 鳝池的准备

鳝池的建造原则：模拟自然环境；排灌方便，利于保温；利于驯食配合饲料；利于防治黄鳝病虫害；便于防逃、捕捞和管理。

池形为长方形或正方形，单砖砌墙，水泥抹面，顶部用砖横砌成"T"形。室外面积 $15 \sim 20m^2$，室内面积 $6 \sim 10m^2$；室外池壁高 $40 \sim 50cm$，室内池壁高 $20 \sim 30cm$。若干个小池串成一排，进、排水口独立，依对角线设置。进水口距池底 $15 \sim 20cm$；排水口与进水口相对，稍低于池底；溢水口距池底 $25cm$，各水口直径 $5 \sim 6cm$，绑缚尼龙网以防逃。食台设在进水口附近的水面下 $3 \sim 5cm$。

水泥池建好后进行脱碱处理。用 $1kg/m^3$ 水体磷肥或醋酸泡 1 周；或者灌满水放稻草堆沤 30 天，然后换水。

人工鱼巢可用废旧自行车轮胎、各种管子、竹筒、砖隙、水草等。设置原则是：便于黄鳝自由进出，内部黑暗，有足够的空间。

2. 水草移植

池内移植水花生、水葫芦、细绿萍等，面积不超过全池面积的2/3。夏天以水葫芦为主，春秋以水花生和细绿萍为主，冬天不留水草，防止黄鳝栖身水草下冻死。水草在鳝种放养前 15 天投放。投放前用 $100g/m^3$ 的高锰酸钾溶液，浸泡 $0.5h$ 消毒，或用 $10g/m^3$ 的硫酸铜溶液，浸泡杀虫，清水漂洗后移植入池。

日常管理中，要及时将多余的水草捞出或将过长的水草刈割，并结合鳝池消毒在草上泼洒 $10g/m^3$ 的生石灰或 $0.7g/m^3$ 的硫酸铜溶液，防止水草被病菌感染。

3. 鳝种筛选

将黄鳝苗种按一定密度放于浅水容器中，用药物浸浴消毒后，连续 5 天投喂定量的黄粉虫幼虫，每天早晨换水 1 次，检查黄鳝摄食量。在 18~30℃ 范围内，如果黄鳝平均每天摄食量超过黄鳝体重的 0.5%，则保留该批苗种；如果黄鳝平均每天摄食量低于黄鳝体重的 0.5%，则淘汰该批苗种。鳝种的放养在水草投放 10~15 天后进行。

4. 黄鳝半人工繁殖

繁殖池面积 20~30m^2，移植水葫芦、水花生、金鱼藻等水草。每年 3~7 月，放养亲鳝 10 尾/m^2（雌雄比例为6:4）。5~8 月，每 7 天换水 1 次，保持水深 20~25cm，pH 6.0~7.0。黄鳝产卵后及时捞出，剔除未受精的卵，再进行人工孵化。

受精卵孵化采用滴水孵化法。孵化器选择 40cm×40cm×7cm 的浅盘，底部铺 2cm 消毒的细沙，水从高处的容器滴入，从盘边壁溢出，水深保持 5cm 左右，控制日温差不超过 2℃。受精卵刚进入孵化器时水滴次数为 10 滴/min，持续 24h，以后逐步提高水滴速度，直到孵化出幼苗。

5. 鳝苗的驯食

鳝苗放养后前 2 天不投喂，第 3 天开始投喂。投喂按照"定点、定时、定质、定量"原则，饵料以动物性饵料为主，辅以植物性饵料。投喂数天后开始驯食。

选择面积为 15~20m^2 的小池进行驯食。驯食方法同网箱养殖。驯食成功后的黄鳝，将配合饲料制成颗粒投喂，总量也要逐渐增加至鳝体重的 2% ~ 10% 。

6. 避暑遮阴

在池上搭架拉遮阴网，并在池边种植葡萄、丝瓜、南瓜等攀援植物遮阴，面积占池面的 70% ~ 90% 。气温超过 30℃ 时，加深池水水位，降低黄鳝密度，并缓慢加注新水，调节鳝池水温。

7. 养殖管理

（1）**药物防病**　水体每隔 10 ~ 15 天用生石灰 $10g/m^3$ 或漂白粉 $1g/m^3$ 全池泼洒，交叉使用。北方水质偏碱，使用漂白粉的次数多一些；南方水质偏酸，使用生石灰的次数多些。将土霉素、磺胺类等药物拌料内服，每种药用 3 ~ 5 天，隔 20 ~ 30 天交叉使用 1 次。

（2）**保持合适的水位**　水温低于 28℃ 时，保持鳝池水位在 15 ~ 20cm，气温高时可加深至 30cm。成鳝养殖池的水位可深些。

（3）**保持水质清新**　水质清新一般通过水色体现，鳝池水色应以黄绿色、嫩蓝色且清澈见底为好，水色呈茶褐色、灰色、黑色则不正常，要及时采取补救措施。

（4）**保持生物多样性**　鳝池放养福寿螺、田螺、小杂鱼、泥鳅等，清除残饵，调节水质。泥鳅在黄鳝驯食成功 1 周后放养；每小池放养蟾蜍 1 ~ 2 只，防止黄鳝梅花斑病；田螺放养密度不宜超过 $0.25kg/m^2$。另外，还可培育适量的绿藻，加入光合细菌等。

（5）**疾病防治**　黄鳝养殖过程中的疾病防治以生态预防为主，药物预防为辅，本着"无病早防，有病早治，防重于治，对症下药"的原则进行疾病的防治。

⚠ **【注意】** 该实例中，放养田螺、福寿螺的鳝池效果不好。因为田螺、福寿螺是许多寄生虫的中间宿主，池内有田螺、福寿螺会增加黄鳝患寄生虫病的概率。

第六节　鳝蚓合养

鳝蚓合养就是把黄鳝、蚯蚓养在一起，用蚯蚓喂黄鳝的饲养方法。具体做法就是在流水黄鳝池里堆上一畦畦的土，施上粪肥，养蚯蚓，畦与畦之间是水，养黄鳝，每天从土中挖出蚯蚓喂黄鳝。

一 鳝蚓合养池的准备

选择水源方便、背风向阳的地方建造鳝蚓合养池。池子用水泥、砖石砌成，整个池形呈"弓"形渠道状。深50cm，地下部分10cm，地上部分40cm，宽30~40cm。进水一端设一进水口，在它的对角上设两个排水口，一个与池底等高，一个比池底高10cm。进排水口都要绑上塑料网布或铁丝网，防止黄鳝顺管逃跑。池里渠道中间也要放上一些屋脊瓦，给黄鳝提供休息的地方，各平行渠道间相隔1.5m远围成"n"字形，中间堆上土，做成土畦，作为养蚯蚓的地方，称为"蚓床"（图4-11）。

图4-11　流水鳝蚓合养池平面示意图

二 鳝蚓合养池饲养管理技术

1. 蚯蚓的饲养管理

（1）蚯蚓的饲养方法　适宜人工养殖的蚯蚓品种有青蚓、日本赤子爱胜蚓、威廉环毛蚓、太湖红蚯蚓等。在养蚯蚓的土畦（叫蚓床）上，先用新鲜牛粪铺成 20~30cm 宽的条，条与条中间留 10~15cm 的空。放养蚯蚓种以前，用水浇透蚓床，每平方米放 200g 蚓种。放好蚯蚓种后，再补浇些水，让行动慢的蚯蚓钻入蚓床，然后在蚓床上加盖稻草帘以保温、通气、防暑、防冻，稻草帘上也浇些水。以后每隔 3~5 天，刮去吃过的牛粪，换上新鲜的，约 2 周后，蚯蚓会大量繁殖，可以挖出来，洗干净后喂黄鳝。

（2）蚯蚓的饲养管理

1）通气。蚓床牛粪条间空隙至少要有 8cm，雷雨期间要经常巡视，不要让水冲垮蚓床。隔 3~5 天，就要更换 1 次牛粪。

2）保温。在蚓床上盖草帘或稻草，并经常洒水，保持潮湿，控制蚓床基料含水分 30%~50%。一般夏季每天下午浇水 1 次，春、秋季每 3~5 天浇水 1 次，低温期每隔 20 天浇水 1 次。浇水量以浇透牛粪为准。

3）防寒。有些蚯蚓，像太湖红蚯蚓，日本赤子爱胜蚓能自然越冬，但要采取相应的保温措施，在蚓床的稻草帘上面，再加盖一层塑料薄膜保温，这样蚯蚓不仅能顺利越冬，还能正常生长繁殖。

4）繁殖。在平均气温为 20℃ 时，性成熟的蚯蚓交配 7 天后便可以产卵，经 19 天孵化出小蚯蚓，生长 38 天便能产卵繁殖。全生育期仅 60 天左右。因此要提供充足的牛粪，使蚯蚓吃食多、生长快、产卵早，提高孵化率和成活率。

5）防天敌。在蚓床周围拦上密网，并在网外每 70cm 放上 1 包灭蚁药。药包要三面包好，一面敞开，使药味慢慢挥发出来。

2. 黄鳝的饲养管理

（1）鳝池消毒　在黄鳝放养前鳝池要进行消毒，消毒方法同土池养殖。

（2）鳝种放养　池内蓄水 15cm，蚯蚓放种后 10 天放养鳝种。鳝种放养前要消毒，用 3%~4% 的食盐溶液浸浴 5~10min，然后按 1~2kg/m² 的量放入鳝种。

（3）保持水质　鳝种入池后，进水口、排水口要半开，使池内保持微流水，每隔 1 周，打开池底排水口，将残渣剩饵等污物排出。

(4) 鳝种投喂　以投喂蚯蚓为主。鳝种入池 3 天后开始投喂。每天在蚓床中挖出蚯蚓，经涮洗后，丢入鳝池，投喂量根据吃食量而定，每天投喂量占黄鳝总质量的 4% ~ 8%，吃得多则多投，吃得少则少投。每天傍晚投喂，以第 2 天早晨没有剩饵为准。5 ~ 6 月和 9 ~ 10 月，水温 20 ~ 28℃每天上午增加 1 次投喂，以少量瓜果、小鱼虾等为主。

(5) 水质管理　鳝池水深控制在 15cm 左右，及时清除池中残饵及污物，保持水质"肥、活、嫩、爽"，水色清爽，呈淡褐色或浅黄褐色，且经常变化，使池水肥而不老，春、秋季每周换 1 次水，夏季 1 ~ 2 天换 1 次水，高温季节每天换 1 次。每次换水，先捞出剩余的饵料，再排出池水的 1/3，然后再注入新水到原来的水位。定期施用生石灰以调节酸碱度，控制池水的 pH 在 7.0 左右。

(6) 防暑降温　夏季高温季节，在鳝池上方搭建葡萄架、瓜棚，或使用遮阳网，防止太阳曝晒，降低水温；在鳝池中栽种水葫芦、水花生、慈姑等，既改良水质，又降低水温；加大进水和排水速度，加快池水循环，但也不要盲目加大，要以每天换 1 次池水为准。

(7) 防病防害防逃　每天要坚持早、中、晚 3 次巡塘，观察黄鳝活动情况和长势；检查防逃网，尤其是雨天，更要勤检查，防止冲垮蚓床，防止黄鳝外逃；发现黄鳝有躁动不安，不肯吃食，身体上有异物，很长一段时间不见长等异常现象，要及时诊断，并采取措施。

第七节　其他养鳝方式

一 庭院缸养黄鳝

1. 养殖缸的准备

养黄鳝的缸大小都可以，口径、底径大的缸更好，但一定要超过 50cm 深，才能防止黄鳝逃出来。水缸底放上几块屋脊瓦，首尾相连，或放石块后盖上瓦片，形成人工洞穴，供黄鳝栖居。缸底不铺泥土。

2. 投喂

黄鳝入缸后前 3 天不喂食，让它适应一下环境，第 4 天开始投喂。春、秋每天中午投喂 1 次；夏天每天投喂两次，早上 8：00 ~ 9：00 和下午 4：00 ~ 5：00 投喂，避开一天中最热的正午。投喂时一定要定时间，不要随便改变，影响黄鳝摄食。投喂还要按饲料的规格先投大的，再投小的，先投粗的，再投细的，吃完再投喂。

饲料的种类很多，有蚯蚓、小杂鱼、蝌蚪、蝇蛆、小螺蚌等。由于庭院缸养一般都是小规模饲养，需要饲料量小，所以我们可以自己养蚯蚓，也可以自己养一点孔雀鱼，让它不断繁殖小鱼，也可以在春天用普通的金鱼繁殖一批小单尾金鱼，这些都是简单、实用、经济的鲜活饵料来源。

3. 饲养管理（图 4-12）

图 4-12　庭院缸养黄鳝

（1）换水　水质浑浊会使黄鳝厌食，精神不振，继而感染疾病。所以要换水以保持水质清新，夏季每 3 天 1 次，春、季每周 1 次。方法是将石块和瓦片拿出，捞起黄鳝，倒掉缸中水，用硬炊帚清除掉缸壁青苔，再用清水冲几遍，换上清水，待缸中新水与原缸中水温差不多时，将黄鳝轻轻放回缸中。

养黄鳝的水不能直接用自来水，应将自来水充分曝晒后再用。换水时间要选在清晨。下雨天，要将缸移入室内，或倒掉一部分缸中水，或在缸上加盖，避免水过满而使黄鳝逃掉。

（2）水温调控　黄鳝对水温比较敏感，缸养黄鳝水体小，水温变化大，要特别注意水温调控。春、秋两季，把鳝缸放在阳光充足的地方，盛夏则转移到树荫下，并将缸的下部埋入土中，还可以在缸里放1个小瓦盆，盆中种上睡莲，使其叶浮于水面，既遮阴又美观。总之，要想方设法将水温控制在20～24℃。

（3）防病害　庭院缸养黄鳝要防家猫等敌害生物，必要时盖上缸盖，缸养黄鳝的病害主要是肠道寄生虫病，要注意预防和治疗。把敌百虫晶体用手塞入活金鱼口中，然后将金鱼逐条喂给黄鳝吃，连喂几天，治疗肠道疾病的效果非常显著。

二　其他农作物田养黄鳝　（以莲田为例）

1. 莲田准备

选择临近水源、水质较好无污染、高温季节不干涸的莲田养鳝。如果莲田埂高又宽，就不用建防逃墙，否则就要参考稻田养鳝，在莲田四周建防逃墙。还要在对角建进、排水口，加装拦鱼设备。保持水位在30～50cm。

2. 放养

水温在15℃时放养鳝种。要求鳝种健康活泼、无伤、无病、无残，规格一致。放养前要消毒，每平方米放养规格为50g的鳝种20尾左右，小鳝种可以多放。

3. 投喂

放养3天后喂食。每天傍晚投喂，固定食场，食场内吊放用木头框和密眼尼龙网做的食台。饵料一定要新鲜，及时清理剩饵。日投饵量为黄鳝体重的4%～8%，具体量按实际吃食情况而定。

4. 管理

保持水位在30cm，维持水质清新，及时投喂饵料，经常检查修理防逃设备，雨天防止黄鳝随水外流。起捕黄鳝可随采藕进行，捕大留小。黄鳝在莲田内可以自己繁殖，只要注意保护仔幼鳝，翌年初可以少放或不放鳝种。

三 鱼鳝混养

鱼鳝混养是指在养鱼池塘里辅养黄鳝的一种养殖模式。其主要特点：一是以常规养殖鱼类为主，黄鳝养殖为辅；二是利用鱼池中小杂鱼等作为黄鳝的饵料，节约成本；三是在鱼池周边移植水花生、水葫芦等水生植物，供黄鳝栖息；四是黄鳝在鱼池中可自然繁殖，作为来年养殖的苗种。

1. 池塘的条件

选择避风向阳、气流通畅，土质密实，水源充足、无污染源的地方建塘。土质最好为中性壤土或黏土。形状以长方形最好，走向最好东西走向，池塘大小根据养殖规模而定。一般养鱼池塘要挖除过多淤泥，保持肥泥层厚度为 20~30cm。池塘进排水设施完好独立，绑好防逃网。

池塘使用前要清整、消毒、施肥和移植水草。在浅水区移植水花生、水葫芦等，深水区栽种莲藕，以水草覆盖面积占池水面积的25%左右为宜。

2. 苗种放养

（1）苗种选择和放养密度 鱼鳝混养，以常规鱼为主，黄鳝养殖为辅。常规鱼种可以选择鲢鱼、鳙鱼、草鱼、鲫鱼等，鲢、鳙鱼、草鱼放养规格要大，应以 2 龄鱼种为主；鲫鱼可以放养夏花。放养量可在每亩 100~300kg。如果在少投精饲料的养殖模式下，肥水鱼与吃食性鱼的比例为 1:1；在大量投喂精饲料的养殖模式下，肥水鱼与吃食性鱼的比例为 1:(0.3~0.6)；鲢鳙鱼比例为 3:1。

黄鳝苗种选择深黄或土红大斑鳝，野生和人工培育的鳝种均可，规格为 40~50 尾/kg，放养量为每亩 10~20kg。

⚠️ **【注意】** 以常规鱼为主的鱼鳝混养池塘，一般黄鳝的放养量为其他鱼的 1/10。

第四章 成鳝养殖

85

（2）**时间**　常规鱼种最好在3月底至4月初，水温稳定在10℃以上时放养。黄鳝应在水温稳定在15℃以上时放养。

（3）**鱼种消毒**　常规鱼种和鳝种入池前都要用食盐或聚维酮碘、四烷基季铵盐络合碘溶液消毒。

（4）**严格分级**　同一池塘同一种鱼的规格大小应该一致。

3. 饲料投喂

常规鱼养殖一般以配合饲料投喂。饲料投喂量、投喂时间按常规鱼养殖，投喂也应遵循"定时、定点、定质、定量"的原则。水温在20℃以下和28℃以上时，按常规鱼养殖投喂即可，不必单独为黄鳝投喂；水温20~28℃时，每天傍晚，加投一些鲜活饵料，投放在水草茂盛处，分散投放，供黄鳝摄食。

4. 日常管理

（1）**调节水质**　池水深控制在1.5m以上，及时清除池中残饵及污物，保持水质"肥、活、嫩、爽"，水色清爽，呈淡褐色或浅黄褐色，且经常变化，使池水肥而不老，春、秋季每周换1次水，夏季高温季节2~3天换1次水。每次换水，先捞出剩余的饵料，再排出池水的1/3，然后再注入新水到原来的水位。定期施用生石灰以调节酸碱度，控制池水的pH在7.0左右。经常观察水色，依据水色及时施加追肥，保持水体肥度，透明度在25cm左右。

保持池中水生植物的面积占池水总面积的25%左右。水葫芦疯长时，要及时清除。在池周围种上丝瓜、葡萄等爬架植物，夏日可遮挡阳光，降低水温，也能改善水质。

（2）**勤巡塘**　每天早、中、晚坚持巡塘，看天、看水、看鱼，及时发现异常状况，并采取有效措施。高温季节，增加凌晨巡塘，防止鱼类浮头泛池。

（3）**防治疾病**　养殖中，树立"以防为主，防治结合，重在预防，及时治疗"的防治疾病的原则。严把苗种质量关；科学管理，精心饲养，作好生态预防和药物预防；记好养殖日志，为防治疾病提供第一手资料。

（4）**防逃防害**　经常检查进、排水口的塑料网或铁丝网是否完好，发现漏洞，及时修补。雨天要及时排掉多余的水。晚上勤巡塘，捕捉青蛙，堵蛇洞；在池边栽一些荆棘，防止狗、猫靠近水边；在池周竖几个稻草人，避免翠鸟叼鱼。

🐟 实例10　鱼、虾、蟹、鳝、鳅等多品种混养

江苏省盐都县水产技术推广站工程师戴××，采取模拟自然生态环境条件，进行鱼、虾、蟹、鳝、鳅等多品种混养试验，达到池塘养殖低投入、中产出、高效益的目的。现将其技术经验介绍如下。

1. 池塘准备

池塘近正方形，池埂牢固，不渗不漏；土壤沙质，淤泥少；水源水质良好；注排水设施齐全。四周挖宽8m，深0.6~0.8m的环沟，池中可保水1.2m深。池埂上用石棉瓦作防逃墙。池塘内侧用密眼网布埋入土中以防黄鳝打洞。池塘清整后，用生石灰、茶籽饼等药物严格消毒，注水，施足基肥，以培养天然饵料，并栽种蒿草、苦草等水生植物。清明前后大量投放活螺蛳，让其自然繁殖。

2. 苗种放养

河蟹：规格为1 000只/kg左右的早繁大眼幼体，每亩1 870只，共8.6万只。

青虾：清塘后放养，3~5kg/亩；或4月份放养抱卵亲虾0.5kg/亩，规格80尾/kg左右，共25kg。

鱼种：清塘后放养20尾/kg左右的异育银鲫鱼种4.3kg/亩，共200kg；放养草鱼8.6kg/亩，共400kg。

其他品种：池塘中的黄鳝、泥鳅和克氏原螯虾，一般不需另放苗种，仅在6月补放了30尾/kg左右的鳝种0.4kg/亩，共20kg，补放40尾/kg左右的鳅种0.6kg/亩，共30kg。

3. 施肥投饵

以鸡粪培养浮游动物、底栖生物、螺蛳、水生植物等天然饵料，供鱼虾摄食。人工投饵为辅，全期共投喂豆饼1 500kg，麸皮1 000kg，米糠1 000kg，小杂鱼等鲜活饲料2 000kg。投饵施肥根据天气、水质、天然饵料数量、养殖品种存塘量和生长季节灵活掌握。

4. 日常管理

每天早、晚各巡塘1次，根据水质、天气、浮头情况随时换水

增氧。一般每周换水 1 次，每次换水量视池塘池水情况，一般换水 20～30cm，保持溶氧充足，水位相对稳定，透明度在 35cm 左右，水质"肥、活、嫩、爽"。每月全池泼洒 1 次生石灰，预防疾病和调节池水的 pH。

5. 病害防治

鱼种放养前用 3% 的食盐溶液浸浴 10min，虾蟹种放养时用 $50g/m^3$ 的高锰酸钾溶液浸浴 2～3min。生长季节每半个月加喂 1 次药饵（用 0.5g/kg 土霉素进行饲料拌饵投喂，每日 2 次，连喂 3 天）。经常用漂白粉消毒肥料、活螺和饵料台、工具等。

6. 养殖收益

池塘面积约 46 亩，共捕获成蟹 1 550kg，青虾 739.2kg，克氏原螯虾 1 039.5kg，黄鳝 150kg，泥鳅 750kg，鲫鱼 577.5kg，草鱼 1 848kg，总销售收入 103 790 元，扣除成本 60 890 元（其中苗种 23 000 元，饲料 8 890 元，其他费用 29 000 元），纯利润 42 900 元，平均每亩 928.57 元。

四 鳝鳅混养

鳝鳅混养，应以黄鳝养殖为主，泥鳅养殖为辅。放养主体是黄鳝，泥鳅放养量只占黄鳝放养量的 1/10 左右，投饵主要提供黄鳝的食料，泥鳅摄食黄鳝的残饵和水中腐殖质即可满足自身生长需要。

1. 养殖池的准备

饲养黄鳝、泥鳅的池子，要选择避风向阳、环境安静、水源方便的地方修建。采用水泥池、土池均可，也可在水库、塘、水沟或河中用网箱养殖。面积为 20～100m²，太大不好管理。

新建水泥池养黄鳝、泥鳅，在放苗前一定要进行脱碱处理。若用土池养黄鳝、泥鳅，要求土质坚硬，将池底夯实。养鳝池的形状依地形而定，最好是长方形，东西走向。池深 0.7～1m。无论是水泥池，还是土池，都要在池底填肥泥层，厚 30cm，以含有机质较多的肥泥为好，有利于黄鳝和泥鳅挖洞穴居。建池时注意安装好进水口、排水口和溢水口的拦鱼网，以防黄鳝和泥鳅外逃。

放苗前 10 天左右用生石灰彻底消毒。并于放苗前 3～4 天排干池水，注入新水。向池内移植水花生、水葫芦、小浮萍或轮叶黑藻等水生植物，占水面面积的1/3左右。

2. 黄鳝和泥鳅的苗种选择

养殖黄鳝和泥鳅成功与否，苗种是关键。黄鳝苗种最好用人工培育驯化的深黄大斑鳝或土红大斑鳝，不能用杂色鳝苗。黄鳝苗大小以40~50尾/kg为宜，太小摄食力差，成活率低。放养密度一般以1~1.5kg/m² 为宜。黄鳝放养20天后，按黄鳝1/10的量投放泥鳅苗。黄鳝和泥鳅苗种均应无伤、无病、无残，反应灵敏，活动力强，同一种鱼规格一致。

3. 饲料投喂

投放黄鳝苗种后的最初3天不要投喂，先让黄鳝适宜环境。从第4天开始投喂饲料，以每天下午7：00左右投喂饲料最佳，此时黄鳝采食量最高。人工饲养黄鳝以配合饲料为主，适当投喂一些蚯蚓、河螺、黄粉虫等。因此，野生鳝种入池后要先进行人工驯化。驯化的方法同网箱养殖。人工驯化的黄鳝，配合饲料和蚯蚓是其最喜欢吃的饲料。配合饲料可自配，也可以使用鳗鱼配合饲料。

投喂配合饲料，水温在20~28℃时，日投喂量占黄鳝体重的8%~10%；水温20℃以下或28℃以上时，日投喂量占3%~4%。每天投喂1~2次，坚持"定点、定时、定质、定量"的原则。食台设在进水口附近阴凉处，水面下5cm。

泥鳅主要以黄鳝排出的粪便和吃不完的黄鳝饲料为食，当其所占比例大于1/10时，每天加喂1次麦麸。

4. 饲养管理

黄鳝和泥鳅的生长季节为4~11月，其中生长旺季为5~9月。在此期间，饲养管理要做到"勤"和"细"。即勤巡池，勤管理，及时发现问题、及时解决。细心观察池塘里黄鳝和泥鳅的生长状态，以便及时采取相应措施。保持池水水质清新，pH为6.5~7.5，水位适宜。

5. 预防疾病

坚持"无病先防、防重于治"的原则。经常用漂白粉全池泼洒，用量为1g/m³ 水体。在黄鳝养殖池里套养泥鳅，可以减少黄鳝疾病。

因泥鳅在养殖池塘里，喜欢上下窜动，还可吃掉水体里的杂物，能起到净化水质和增氧的作用。

五 鳝、鳖、龟生态循环养殖法

这是江苏省宝应县子婴乡毕××创造使用的养鳝法。他把自己庭院里的鱼池划为一、二、三级，有沟连通。一级池主养鳝，同时在水面上培育浮萍，既净化了水质，又可使多余的浮萍和残饵流入二级池，又能作为饲料；二级池中饲养鳖和福寿螺，螺可作为鳖的活饵料；一级池和二级池的残饵流入三级池，在三级池中饲养龟，并繁殖培育蚯蚓和蝇蛆，而蝇蛆和蚯蚓又可作为黄鳝、鳖、龟的活饵料。这种循环养殖法，使饵料、水体得到了充分利用，降低了生产成本，提高了综合效益。

为了给黄鳝、鳖、龟创造更优良、更接近自然水域的生态环境，他还在各级养殖池中建造了许多滩地、水洼以及土堆假山和用砖瓦设置的人工洞穴等，既能遮阴降温，又能给鳝、鳖、龟提供隐蔽的栖息条件。越冬期间，他建造了土温室和简易越冬房，白天利用阳光给温室加温，夜间利用草帘保温，保证各种养殖品种安全越冬。

利用这种养殖方式，毕××在约500m² 的养殖池中，养殖了20多个品种的水产品，每年向市场提供鳝、鳖、龟约500kg，收入4 000多元，年存塘黄鳝约100kg，普通鳖、龟约200kg，名贵的绿毛龟、金钱龟约100 只，幼鳖、幼龟约1 000 只，福寿螺、日本大平二号蚯蚓约100kg，总价值10 000多元。

第八节 无公害养黄鳝

无公害农产品是指产地环境符合无公害农产品的生态环境质量，生产过程必须符合规定的农产品质量标准和规范，有毒有害物质残留量控制在安全质量允许范围内，安全质量指标符合《无公害农产品（食品）标准》的农、牧、渔产品（食用类，不包括深加工的食品）。经专门机构认定，许可使用无公害农产品标志的产品。

也就是说，在无公害农产品的生产过程中，产品的产地环境、生产中的所有行为及生产的产品均应符合各级标准的规定。目前我国农业部颁布施行了《无公害食品　黄鳝养殖技术规范》（NY/T 5169—2002），各地养殖户在进行黄鳝养殖生产中，可参考该标准进行无公害生产。

一　环境条件

1. 饲养场地的选择

无公害黄鳝饲养的场地应选择环境安静、水源充足、进排水方便的地方。养殖地应生态环境良好，没有或不直接受工业"废水、废气、废渣"及农业、城镇生活、医疗废弃物的污染；养殖地域内及水源的上游、上风头，没有对养殖环境构成威胁的污染源，包括工业"废水、废气、废渣"、农业废弃物、医疗机构污水及废弃物、城市垃圾和生活污水等。底质无工业废弃物和生活垃圾，无大型植物碎屑和动物尸体，无异色、异臭。底质中的有害有毒物质最高限量应符合表4-1的规定。

表4-1　底质有害有毒物质最高限量

项　　目	指标/（mg/kg）（湿重）
总汞	≤0.2
镉	≤0.5
铜	≤30
锌	≤150
铅	≤50
铬	≤50
砷	≤20
滴滴涕	≤0.02
六六六	≤0.5

2. 饲养用水

养殖水源可以选择水库水、河水或湖水、井水，均应水质清新，无污染，水中理化指标应符合渔业水质标准。饲养池内水质应清新，无污染，肥瘦适宜。

3. 鳝池和网箱要求

(1) 鳝池要求 鳝池选择土池或水泥池均可，水泥池面积、池深、水深、进排水口安排应符合表4-2。土池面积可大些，苗种池面积宜在1亩以内，成鳝池面积最好在2~5亩，其池深、水深要求同水泥池。

表4-2 鳝池要求

鳝池类别	面积 /m²	池深 /cm	水深 /cm	水面离池 上沿距离 /cm	进 排 水 口
苗种池	2~10	40~50	10~20	≥20	进、排水口直径3~5cm，用网孔尺寸0.25mm的筛绢网片罩住；进水口高出水面20cm，排水口位于池的最低处
食用鳝饲养池	2~30	70~100	10~30	≥30	

(2) 网箱要求

网箱应选用聚乙烯无毒无结节网片制作，孔径0.80~1.18mm，网箱上下纲应选择聚乙烯无毒纲绳，直径0.6cm，网箱面积以15~20m²为宜，高1m以上。

池塘网箱最好设置在水面面积500m²以上的池塘或水泥池，水深大于1.0m，网箱面积不宜超过水面面积的1/3，网箱上沿高出水面0.5m以上，网箱吃水深度约为0.5m，网箱底部距水底0.5m以上。

4. 放养前的准备

(1) 鳝池准备 土池和有土水泥池在放养前10~15天用生石灰消毒，用量为150~200g/m²，然后注水10~20cm备用；无土水泥池池底应光滑，在放养前15天加水10cm左右，用生石灰75~100g/m²或漂白粉（含有效氯28%）10~15g/m²，全池泼洒消毒，然后放干水再注入新水10~20cm备用。池内移植水花生或水葫芦，面积占池水面积的2/3左右。

(2) 网箱准备 网箱应于黄鳝放养前15天用20g/m³的高锰酸钾溶液浸泡消毒15~20min，淡水冲洗后再设置于池塘内，并制作一个长 60cm、宽 30cm 的食台，与水面成 30°角左右，设置于箱内水面下 3cm 处，沿网箱长边摆放。随即向网箱内移植水花生或水葫芦，面积占网箱面积的 2/3 左右。

1. 培育方式

鳝种可采用水泥池微流水培育，也可采用水泥池静水培育。

2. 鳝苗放养

鳝苗可以选择原产地自然水域笼捕的野生鳝苗，也可以从国家认可的黄鳝原（良）种场采购人工繁殖的鳝苗。最好是深黄大斑鳝或土红大斑鳝。选取的鳝苗应该是无伤、无病、无残、无畸形，活动能力强，体色鲜亮，有光泽。鳝苗的放养密度宜为 $200 \sim 400$ 尾/m^2。如果放养密度较大，培育期间要根据黄鳝的生长情况，及时分养。

3. 饲养管理

（1）**投饲和驯饲**　鳝苗适宜的开口饲料有水丝蚓、大型轮虫、枝角类、桡足类、摇蚊幼虫和微囊饲料等，最好是水丝蚓或将陆生蚯蚓搅碎后投喂。投喂时，每 100m^2 左右设 1 个食台，食台设置在水面下 3cm 处，将饵料放置在食台上，不要随意变动食台位置。动物性鲜活饵料应新鲜、无污染、无腐败变质，投饲前应洗净后在沸水中放置 $3 \sim 5min$，或用 20g/m^3 的高锰酸钾溶液浸泡 $15 \sim 20min$，或 5% 的食盐溶液浸泡 $5 \sim 10min$，再用淡水漂洗后投喂。

用动物性鲜活饵料培育 $10 \sim 15$ 天，鳝苗长至 5cm 以上时，开始驯食配合饲料。驯食方法是：将粉状配合饲料加水揉成团状，定点投放于食台上，经 $1 \sim 2$ 天，鳝苗会自行摄食团状饲料。驯食 15cm 以上的苗种时，先在鲜鱼浆或蚌肉中加入 10% 的配合饲料，投喂 $1 \sim 2$ 天，以后每天逐渐增加配合饲料的比例，经 $5 \sim 7$ 天，鳝苗即可完全摄食配合饲料了。驯食过程中，一旦发现鳝苗摄食异常，应立即改回原来的饲料，待其摄食正常后，再重新驯食。

（2）**投饲量**　鲜活饵料的日投饲量为鳝体重的 $8\% \sim 12\%$，配合饲料的日投饲量（干重）为鳝体重的 $3\% \sim 4\%$。

(3) 分级饲养 放养前鳝种要挑选一下，大小分开，体长相近的鳝种要放在同一个箱中饲养，体长相差大的要分箱饲养，否则就会出现大鱼吃小鱼的情况。培育过程中，根据鳝苗的生长和个体差异，及时分养。当苗种长到个体重20g时转入食用鳝的饲养。

(4) 水质管理 培育期间，应勤换水，保持水质"肥、活、嫩、爽"，水中溶氧量不低于$3g/m^3$。春、秋季每周换1次水，夏季1~2天换1次水，高温季节每天换1次。每次换水，先捞出剩余的饵料，再排出池水的1/3，然后再注入新水到原来的水位。换水应当注意水的温差不可过大，控制在3℃以内。定期施用生石灰以调节酸碱度，控制池水的pH在7.0左右。每隔15天全池泼洒微生物制剂1次，以调节水质。

流水饲养池水流量以每天交换2~3次为宜，每周彻底换水1次。

(5) 水温管理 黄鳝养殖的适宜水温在20~28℃之间。水温高于28℃，应加注新水、搭建遮阳棚、提高水葫芦的覆盖面积或减小黄鳝密度等防暑；水温低于5℃时应加深水位确保水面不结冰、搭建塑料棚等防寒。换水时水温差应控制在3℃以内。

(6) 巡池 重视早、中、晚、凌晨的巡池检查。每天投饵前检查防逃设施，发现漏洞，及时修补；随时掌握鳝摄食情况，及时捞出残渣剩饵，清洗消毒食台，并调整投饵量；观察鳝的体色和活动情况，发现异常，应及时处理；勤除杂草、敌害、污物；查看水色、测量水温、pH、氨氮、硫化氢等理化指标，闻有无异味，及时换水或加注新水；做好巡池日志，为科学防治疾病提供第一手资料。

三 食用鳝饲养

1. 饲养方式

饲养方式可分为土池饲养、水泥池饲养和网箱饲养，根据具体情况选择适宜的饲养方式。

2. 鳝种放养

鳝种的放养时间最好选择在4月底至5月初，以天气晴朗、水温稳定在15℃左右时为宜。

鳝种可以选择原产地自然水域笼捕的野生鳝种，也可以从国家认可的黄鳝原（良）种场采购人工繁殖、人工培育的鳝种。品种最好是深黄大斑鳝或土红大斑鳝，个体反应灵敏，无伤、无病、无残、无畸形，活动能力强，体色鲜亮、有光泽，黏液分泌正常。

放养规格以 20～50g/尾为宜，按规格分池饲养。面积 $20m^2$ 左右的流水饲养池放养鳝种以 1.0～1.5kg/m^2 为宜，面积 2～$4m^2$ 的流水饲养池放养鳝种以 3～5kg/m^2 为宜，静水饲养池的放养量约为流水饲养池的 1/2；网箱放养鳝种以 1.0～2.0kg/m^2 为宜。

放养前鳝种应进行筛选，挑出有伤、有残和畸形的以及活动力不强的，将健康鳝种进行消毒。常用消毒方法有：食盐 2.5%～3%，浸浴 5～8min；聚维酮碘（含有效碘 1%）20～30g/m^3，浸浴 10～20min；四烷基季铵盐络合碘（季铵盐含量 50%）0.1～0.2g/m^3，浸浴 30～60min。消毒时，应轻拿轻放，谨慎操作，避免黄鳝受伤。水温差应小于 3℃。

3. 饲养管理

（1）驯饲 人工培育、已经过驯食的鳝种入池后前 1～2 天不投喂，第 3 天开始投喂，可直接投喂配合饲料。

野生鳝种入池后 1～2 天不投喂，第 3 天开始，宜投喂蚯蚓、小鱼、小虾和螺蚌肉等鲜活饵料。鳝种正常摄食 1 周后，每 100kg 鳝用 0.2～0.3g 左旋咪唑或甲苯咪唑拌饵驱虫 1 次，3 天后再驱虫 1 次，然后开始驯食配合饲料。驯食方法同网箱养殖。

（2）投饲 食用鳝的饲料主要包括动物性饲料、植物性饲料和配合饲料。其中，动物性饲料包括鲜活鱼、虾、螺、蚌、蚬、蚯蚓、蝇蛆、黄粉虫、蝌蚪、水生动物幼虫、畜禽屠宰下脚料等；植物性饲料包括新鲜麦芽、大豆饼（粕）、菜籽饼（粕）、青菜、浮萍等。

（3）投饲方法 投饲坚持"定时、定点、定质、定量"的原则。

① 定时：水温 20～28℃时，每天 2 次，分别为上午 9：00 前和下午 3：00 后；水温在 20℃以下或 28℃以上时，每天上午投饲 1 次。

② 定点：饲料投饲点应固定在食台上，水温在 20℃以下时，食台设置在水温较高处；水温在 20℃以上时，食台宜设置在阴凉暗处，并靠近池的上水口。

③定质：配合饲料应营养全面适口，颗粒适宜，不发霉，不污染，饲料中添加物质应符合《无公害食品　渔用配合饲料安全限量》（NY5072—2002）的规定；动物性饲料和植物性饲料应新鲜、无污染、无腐败变质，投饲前应洗净后在沸水中放置 3～5min，或用 20g/m³ 的高锰酸钾溶液浸泡 15～20min，或 5% 的食盐溶液浸泡 5～10min，再用淡水漂洗后投饲。

④定量：水温 20～28℃时，配合饲料的日投饲量（干重）为鳝体重的 1.5%～3%，鲜活饲料的日投饲量为鳝体重的 5%～12%；水温在 20℃以下或 28℃以上时，配合饲料的日投饲量（干重）为鳝体重的 1%～2%，鲜活饲料的日投饲量为鳝体重的 4%～6%。投饲量的多少应根据季节、天气、水质和鳝的摄食强度进行调整，所投的饲料宜控制在 2h 内吃完。

（4）水质与水温管理　同苗种培育。

（5）巡池　同苗种培育。

4. 鳝病防治

（1）鳝病预防　坚持"以防为主，防治结合，及早发现，及早治疗"的疾病防治原则，结合生态预防和药物预防进行鳝病预防，以生态预防为主。

①生态预防措施：合理建造养鳝场，并保证良好的池塘环境条件，满足黄鳝喜暗、喜静、喜温暖的生活要求；加强水质、水温管理，科学合理地换水，及时加注新水，适时防暑、防寒；保持鳝池中适宜的水花生等挺水性植物或水葫芦、浮萍等漂浮性植物密度；在池边种植一些攀援性植物以遮阴降温；适时捞出死亡植物，避免其腐烂而败坏水质；在池中搭养少量泥鳅以活跃水体，降低黄鳝缠绕病的发病率；每池放入数只蟾蜍，以其分泌物预防鳝病。

②药物预防措施：周边环境定期用漂白粉喷洒消毒；鳝池和网箱在鳝种投放前也要充分消毒；池水的定期消毒可在饲养期间每隔 10 天用漂白粉（含有效氯 28%）1～2g/m³ 全池遍洒，或生石灰 30～40g/m³ 化浆全池遍洒，两者交替使用。

坚持"四消"原则，即鳝体消毒、鲜活饵料消毒、食台消毒、工具消毒。食台的消毒应每天进行，用高锰酸钾或漂白粉溶液浸泡消毒，清水漂洗后再用。在生产中所用的工具应每周 2 ~ 3 次定期消毒。可用 $100g/m^3$ 的高锰酸钾溶液，浸浴 $30min$；或 5% 的食盐溶液，浸浴 $30min$；或 5% 的漂白粉溶液，浸浴 $20min$。发病池的用具应单独使用，或经严格消毒后再使用。

（2）病鳝隔离 在养殖过程中，应加强巡池检查，一旦发现病鳝，应及时隔离饲养，并用药物处理。药物处理方法同鳝体消毒。

（3）鳝病治疗 发现黄鳝摄食、活动异常，及时诊断，及早发现疾病，及早治疗。

渔药的使用和休药期应按照表 4-3 的规定执行。严禁使用高毒、高残留或具有致癌、致畸、致突变毒性的渔药；严禁使用对水域环境有严重破坏而又难以修复的渔药；严禁直接向养殖水域泼洒抗生素；严禁将新近开发的人用新药作为渔药的主要或次要成分。

表4-3　常用药物的使用与休药期

渔药名称	用　　途	用法与用量	休药期/天	注意事项
氧化钙（生石灰）	用于改善池塘环境，清除敌害生物及预防部分细菌性鱼病	带水清塘：$200 ~ 250mg/L$ 全池泼洒：$20 ~ 25mg/L$	—	不能与漂白粉、有机氯、重金属、有机络合物混用
漂白粉	用于清塘、改善池塘环境及防治细菌性疾病	带水清塘：$20mg/L$ 全池泼洒：$1.0 ~ 1.5mg/L$	≥5	1. 勿用金属容器盛装 2. 勿与酸、铵盐、生石灰混用
二氯异氰脲酸钠（优氯净、漂粉精）	用于清塘及防治细菌性疾病	全池泼洒：$0.3 ~ 0.6mg/L$	≥10	勿用金属容器盛装
三氯异氰脲酸（强氯精）	用于清塘及防治细菌性疾病	全池泼洒：$0.2 ~ 0.5mg/L$	≥10	勿用金属容器盛装

（续）

渔药名称	用　　途	用法与用量	休药期/天	注意事项
二氧化氯	用于防治细菌性皮肤病、烂鳃病、出血病	浸浴：20～40mg/L，5～10min 全池泼洒：0.1～0.2mg/L	≥10	1. 勿用金属容器盛装 2. 勿与其他消毒剂混用
二溴海因	用于防治细菌性和病毒性疾病	全池泼洒：0.2～0.3mg/L	—	—
氯化钠（食盐）	用于防治细菌、真菌疾病	浸浴：1%～3%，5～30min		
硫酸铜（蓝矾、胆矾、石胆）	用于治疗纤毛虫、鞭毛虫等寄生性原虫病，但不能用于治疗小瓜虫病	浸浴：8～10mg/L，15～30min 全池泼洒：0.5～0.7mg/L		1. 常与硫酸亚铁合用 2. 勿用金属容器盛装 3. 使用后注意池塘增氧
硫酸亚铁（硫酸低铁、绿矾、青矾）	用于治疗纤毛虫、鞭毛虫等寄生性原虫病	全池泼洒：0.2mg/L（与硫酸铜合用）	—	治疗寄生虫性原虫病时需与硫酸铜合用
高锰酸钾（锰酸钾、灰锰氧、锰强灰）	用于鱼体消毒、工具消毒、食台消毒以及防治水霉病、细菌病	浸浴：10～20mg/L，15～30min		1. 水中有机物含量高时药效降低 2. 不宜在强烈阳光时使用

（续）

渔药名称	用途	用法与用量	休药期/天	注意事项
四烷基季铵盐络合碘（季铵盐含量为50%）	对病毒、细菌、纤毛虫、藻类有杀灭作用	全池泼洒：0.3mg/L	—	1. 勿与碱性物质同时使用 2. 勿与阴性离子表面活性剂混用 3. 使用后注意池塘增氧 4. 勿用金属容器盛装
大蒜（含大蒜素10%）	用于防治细菌性肠炎	拌饵投喂：10~30g/kg体重，连用4~6天	—	—
五倍子	用于防治细菌性烂鳃、赤皮、白皮、疔疮	全池泼洒：2~4mg/L	—	—
穿心莲	用于防治细菌性肠炎、烂鳃、赤皮	全池泼洒：15~20mg/L 拌饵投喂：10~20g/kg体重，连用4~6天	—	—
苦参	用于防治细菌性肠炎、竖鳞	全池泼洒：1.0~1.5mg/L 拌饵投喂：1~2g/kg体重，连用4~6天	—	—
土霉素	用于治疗肠炎病、弯杆菌病	拌饵投喂：50~80mg/kg体重，连用4~6天	≥30	勿与铝、镁离子及卤素、碳酸氢钠、凝胶合用
噁喹酸	用于治疗细菌性疾病	拌饵投喂：10~30mg/kg体重，连用5~7天	≥16	用药量视不同的疾病有所增减

第四章 成鳝养殖

99

渔药名称	用　途	用法与用量	休药期/天	注意事项
磺胺嘧啶（磺胺哒嗪）	用于治疗细菌性疾病	拌饵投喂：100mg/kg 体重，连用 5 天	≥30	1. 与甲氧苄氨嘧啶（TMP）同用，可产生增效作用 2. 第 1 天药量加倍
磺胺甲基异噁唑（新诺明、新明磺）	用于治疗肠炎病	拌饵投喂：50mg/kg 体重，连用 5～7 天	≥30	1. 不能与酸性药物同用 2. 与甲氧苄氨嘧啶（TMP）同用，可增效 3. 第 1 天药量加倍
磺胺间甲氧嘧啶（制菌磺、磺胺-6-甲氧嘧啶）	用于治疗细菌性疾病	拌饵投喂：20～30mg/kg 体重，连用 4～6 天	≥37	1. 与甲氧苄氨嘧啶（TMP）同用，可增效 2. 第 1 天药量加倍
氟苯尼考	用于治疗细菌性疾病	拌饵投喂：10.0mg/kg 体重，连用 4～6 天	≥7	—
聚维酮碘（聚乙烯吡咯烷酮碘、皮维碘、PVP-I、碘附）（有效碘 1.0%）	用于防治细菌性疾病，并可用于预防病毒病	全池泼洒：幼鱼 0.2～0.5mg/L，成鱼 1～2mg/L，鱼卵 30mg/L	—	1. 勿与金属物品接触 2. 勿与季铵盐类消毒剂直接混合使用

注意：休药期是指最后停止给药日至水产品作为食品上市出售的最短时间。休药期为强制性的，必须执行。

第五章

黄鳝活饵料的采捕和养殖

第一节　水丝蚓的采捕

水丝蚓就是丝蚯蚓，它是黄鳝苗最好的活饵料，营养价值很高，干物质中蛋白质含量高达 70% 以上。水丝蚓广泛分布在各种淡水水域，栖息在富含有机质的淤泥中，特别是城市污水排放口的下游，密度大，产量高。

图 5-1　长柄抄网

捕捞水丝蚓用长柄抄网。它由网身、网框和长柄组成。网身长 1m 左右，呈长袋形，用密眼网布缝成。网口框架是等腰梯形，腰长 40cm

左右，上、下底分别为 15cm 和 30cm，框架由钢筋弯成，钢筋两头在下底中间拧合在一起，插入一根粗的长木棒或竹竿绑扎结实(图 5-1)。

　　捕捞时，选择底质肥沃、有缓流，水底少砖石瓦块，水深 10～50cm 的地方。作业时，人站在水中，手持抄网，将网袋缓缓伸入水下，用网框的一边紧贴水底，慢慢捞取底层浮土。遇到泥堆不要硬把泥刮起，而是轻轻从泥堆上面刮过。待袋里的浮土捞到半满时，提起网袋，一手握抄网柄基部，一手抓住网袋末端，在水中来回拉动网袋，让水慢慢冲去网中淤泥，露出红色的水丝蚓来。这种方法简便易行，但要避开阳光直射的正午时间。

第二节　田螺的养殖

　　田螺，学名中华圆田螺，是我国淡水中常见的螺类（图 5-2）。

一　养殖地点

图 5-2　田螺

　　废弃的排水沟、坑塘或养鱼池塘都可以养田螺，只要是水好无污染，一年四季不干涸，能保持 30～50cm 水深，底质是富含有机质的软土就行。最好能在水里种一些荸荠、慈姑、茭白、菱角等水生植物。也可以把田螺直接放到鱼池中，让它吃鱼的残渣剩饵，任其自行繁殖生长。但要注意有鲤鱼、青鱼的池子不能养田螺，以免被鲤鱼、青鱼吃光。

二 养殖方法

放养前在池中每亩施基肥 15kg，基肥用切碎的稻草 3 份和新鲜鸡粪 1 份混合均匀制成，10 天后将肥料埋入养田螺池子的底泥中，几天后池底不再产生气泡，就可以放养田螺。一般每平方米放养 1 ～ 2 龄田螺 100 只，其中 75 只雌的，25 只雄的。田螺雌性个体较大，两只触角大小相同，向前方伸展；雄性个体较小，右触角比左触角短而且粗，末端向内侧弯曲，生殖孔开口于左触角顶端。

田螺需要的氧气多，所以养田螺的池子要经常换水，保持水质良好。田螺吃青菜、浮萍、米糠、瓜果以及鱼杂、动物内脏，最好能经常在饲料中拌一些贝壳粉（图 5-3）。每周喂两次，喂前先捞出上次

图 5-3　田螺养殖示意图

剩余的饵料。平时多围着池子转转，把游动力差、肉少壳厚的老弱病残螺捞出来，敲碎再喂黄鳝。当水温降至 10℃ 以下时，田螺开始钻入泥中冬眠，只要保持 0.5～1m 水深，使冬季冰层不结到底就可以保证田螺安全越冬。

养田螺的目的是喂黄鳝，在整个养殖期内每天都可以捉田螺来喂黄鳝，可以用手捉，也可以在田螺集中的地方用小抄网抄捕。喂黄鳝的田螺大小要根据黄鳝的大小来定，小黄鳝只能吃小田螺，大黄鳝可以吃较大的田螺。有的田螺太大，黄鳝吃不了，就不要拿来喂，可以留在田螺池繁殖小田螺，也可拿到市场上去卖。

第三节　蚯蚓的养殖

一　养殖品种

目前，养殖的蚯蚓有青蚯和大平二号、北星二号。青蚯身体多是青黄色或灰绿色，对黄鳝的诱食效果最好；大平二号和北星二号是目前养殖最多的品种，虽个体较小，但产量高，食性广，它们背面呈橙红色，腹面扁平。

二　基料准备

养殖蚯蚓的基料，就是蚯蚓的饲料。用人粪尿或鸡、猪、牛等畜禽粪便，加入切成小段的树叶、锯末、植物秸秆等制成。一般粪占 70%，草料占 30%，也可以用 20% 的作物秸秆和 10% 的麸皮代替草料。具体做法是：先在地上挖一个浅坑，坑底铺一层粪，撒一层草，用光合细菌稀释液、酵母液、尿或水浇透，再铺一层粪，撒一层草，浇透，如此一层一层堆起来。越往上尿或水浇得越多，一定要浇透。这样堆起来，一周后用叉子将草粪堆翻一遍，再浇点水或尿，堆制 1 周再翻 1 次，这样翻 5～6 次后，基料就充分发酵好了。为缩短发酵时间，每次发酵粪料不宜过少，每堆应在 500kg 以上。发酵期间，保持发酵粪料湿度在 80%～90%。

发酵好的粪料在使用前 2～3 天，应取出在地面晾晒，让粪料中残余的氨气等有害气体散失掉。发酵好的粪料中各种成分混合均匀，质地疏松，无不良气味发出，颜色变成咖啡色。

三 养殖方法

蚯蚓的养殖适温是 20～25℃，要求土要潮湿，环境要安静、阴暗，避免光线直射。饲养方法很多，可盆养、箱筐养殖、室内砖池养殖、农田养殖、堆肥养殖、沟槽养殖、蚯蚓和蜗牛混养等。这里只介绍适用的几种方法。

1. 盆养

用脸盆、花盆等容器均可。盆内基料厚度不要超过盆深的 3/4，一般花盆，每盆可养蚯蚓 20～70 条；脸盆每盆养蚯蚓 50～150 条；其他容器适量增减。

盆越小，盆内温度和湿度受外界环境影响越大，表面的土壤和饲料容易干燥，所以养殖时要特别注意，在保证通气的前提下，可加盖苇帘、稻草、塑料薄膜等，并经常喷水，以保持其足够的温度和湿度。

2. 箱筐养殖

包装箱、柳条筐、竹筐等都可养蚯蚓，也可制作专门的蚯蚓养殖箱。养殖箱为长方形的无盖木箱或塑料箱，适宜深度为 20～35cm，大小均可，以方便搬运为宜。养殖箱底和侧面均应钻有排水、通气孔，箱孔面积应以占箱壁面积的 20%～35% 为宜。箱外安装手拉柄，方便搬运。

箱养通常还要做多层饲育床（图 5-4），将养殖箱叠放在饲育床上，可充分利用有限的空间，增加产量。多层饲育床可用钢筋、角铁焊接或用竹、木搭架，也可用砖、水泥板等材料垒砌。养殖箱放在饲育床上，一般 4～5 层为宜，太高不便于操作管理。两排床架之间留出养殖人员通行的通道。另外，还应有温、湿度表、喷雾器、竹夹、钨灯或卤素灯、网筛、齿耙等工具。

养殖箱内铺 15cm 左右的基料，放蚯蚓 4 000～9 000 条/m²。为防止水分蒸发，箱上可覆盖苇帘、稻草、塑料薄膜等。

养殖期间，室内要常通风，保持温度在 18℃ 以上，饲料堆湿度 70%～80%。冬季注意保温，夏季经常用喷雾器喷洒凉水降温。随着蚯蚓逐渐长大，还应适时减少箱内的蚯蚓密度。

放置饲养槽的架子

图 5-4　多层饲育床

3. 室内砖池养殖

在室内用砖垒 2 ~ 3 排池，每池面积 5 ~ 10m²，深 40cm 左右，每排之间预留工作人员通道。将发酵好的饲料在池内铺 20 ~ 30cm，放蚯蚓 4 000 ~ 6 000 条/m²，小蚯蚓可放到 20 000 条/m²。为防止水分蒸发，池上可以覆盖苇帘、稻草、塑料薄膜等；如果不盖，就要注意饲料的湿度，及时喷水加湿。

养殖期间，做好室内温度、湿度控制工作。

4. 农田养殖

蚯蚓养殖，将室内和室外结合起来，效果更好。温暖季节将蚯蚓移到室外养殖，秋末冬初移至室内。室外可充分利用田间地头、池塘基埂及园林空地，开挖宽 35 ~ 40cm、深 15 ~ 20cm 的行间沟，然后填入畜禽粪、生活垃圾等，上面再覆盖土壤，放入蚯蚓 1 000 条/m² 左右。也可以不专门放种，直接利用天然蚯蚓进行养殖。沟内经常保持潮湿，但又不能积水。这种方法成本低，但受自然条件影响大，产量低。

5. 堆肥养殖

这是一种较经济有效的室外养殖办法。具体做法：将农家肥50%、土壤50%混合均匀，然后堆成堆；或铺一层肥料，再铺一层土壤，每层10cm厚，层层交替铺放成堆。每堆宽1~2m、高50cm，长度不限。一般堆放1天以后，肥堆内即可诱集少量蚯蚓，也可以向肥堆内投放蚯蚓种进行人工养殖。养殖期间，经常向肥堆喷洒水，既要保持肥堆温度，又不能使水分太多，导致肥堆坍塌。

四　日常管理

1. 投料前先试喂

粪料加入前要试喂，合格后方可投喂蚯蚓。如果粪料的pH较高，在投喂前可加入少量醋。

2. 适时加入饲料

发现养蚓粪表面平整，料细如米糠或蚯蚓外爬时，要及时加入新料。可采取间隔加入饲料法，防止料发酵不充分，引起蚯蚓死亡。具体做法：加20cm宽度料，留10~20cm的宽度不加，待蚯蚓开始爬入新料中时再加入剩余地方。若晚上发现蚯蚓外逃，可采用开电灯或在周围撒一圈草木灰或石灰粉即可控制。

3. 注意浇水保湿

一旦发现表面干燥应及时浇水［用1:300的EM液（有效微生物群活性液）］，保持70%~80%的湿度。冬天湿度可略降低。

4. 适时分出蚓茧

温度25℃以上时，15天左右分离1次种蚓中的卵茧；气温降低，分离时间逐步延长。每次分离出的卵茧单独堆放孵化、饲养。同时应搞好种蚓提纯复壮，保持种蚓稳产、高产。

孵出的小蚓饲养30~50天即能取出投喂黄鳝，取蚓可用"光分离法"。具体做法是：取一个网眼大小恰好能让蚯蚓钻过的筛子放在塑料盆上，将蚯蚓粪料先加水拌湿后倒入筛中，厚度以不超过2cm为宜。将其置于阳光下，由于蚯蚓有怕光的习性，会拼命往下钻而掉入下面的盆中。

第四节　黄粉虫的养殖

黄粉虫又叫面包虫，现在养鸟的人都用它来喂鸟，营养价值很高。干黄粉虫含蛋白质 47.68%、脂肪 28.56%、碳水化合物 23.76%，而且饲养简单，产量高。山东农业大学植保系通过试验研究证明，一块 15m² 大小的地方，1 年可生产黄粉虫 1 吨左右。此外，黄粉虫养殖无臭味，可以在居室内养殖，成本很低，秸秆、麦麸都可作为养殖黄粉虫的主要原料。3～4kg 麦麸能养 1kg 黄粉虫，10kg 秸秆能换来 1kg 黄粉虫，一些烂水果、菜叶、青草嫩叶、瓜皮也是养黄粉虫的好原料。目前，许多养殖户、养殖场都已开始养殖黄粉虫，作为肉食性鱼类的鲜活饵料和杂食性鱼类的主要动物性蛋白质来源。因此，黄粉虫是养殖黄鳝理想而经济的鲜活饵料。

一　生长阶段

黄粉虫一生有卵、幼虫、蛹、成虫 4 个生长阶段，黄粉虫卵在 10～20℃ 时经 20～25 天，20～25℃ 时经 10～20 天，25～30℃ 时经 4～7 天，可以孵化成幼虫。

幼虫身体呈黄色圆柱形（刚蜕完皮时为白色）（彩图 8），分节，两端钝圆，长 3～5cm，外壳较脆硬，生长适温为 13～32℃，最适温为 25～29℃，低于 10℃ 时极少活动。

幼虫孵化出几十天后便可化蛹。温度在 10～20℃ 时需 5～20 天，蛹就会变成成虫，长出翅膀，便能飞。

二　饲料

1. 饲料种类

黄粉虫食性杂，饲料来源广，能吃的东西很多，像果皮、菜叶、青草、秸秆、麦麸、米糠等。现提供几种饲料配方供参考。

（1）单用麦麸喂养　在冬季以麦麸为主，加适量玉米粉。

（2）成虫和幼虫饲料　豆饼18%，麸皮40%，玉米粉40%，复合维生素0.5%，复合矿物质添加剂1.5%。

（3）繁殖育种的成虫饲料　麦粉95%，糖（红糖、白糖均可）2%，蜂王浆0.2%，复合维生素0.4%，复合矿物质添加剂2.4%。

（4）产卵期的成虫饲料　麸皮75%，玉米粉15%，鱼粉4%，糖4%，复合维生素0.8%，复合矿物质添加剂1.2%。

（5）幼虫饲料　麦麸70%，玉米粉25%，大豆4.5%，复合维生素0.5%。

将原料混合均匀，用颗粒饲料机膨化成颗粒，或用16%的开水拌匀成团，压成小饼状，晾晒后使用。

2. 饲料存储和加工

保证黄粉虫饲料质量的最重要措施是严格控制黄粉虫饲料的含水量，不能超过10%。饲料含水量过高，与虫粪混合易发霉变质。

大批量生产黄粉虫时，将饲料加工成颗粒饲料最好。小幼虫、大幼虫和成虫的饲料应分别加工。饲料粒度要适于黄粉虫取食。小幼虫的饲料粒径应在0.5mm以下，大幼虫和成虫的饲料粒径应为1~5mm。饲料的硬度也应适合不同虫龄取食的要求，小幼虫的饲料要松软一些，过硬的饲料不适宜饲喂。

没有条件或不宜加工成颗粒饲料的原料，可将除复合维生素外的其他原料混合，取10%的清水，先加入复合维生素搅匀，再加入混好的其他原料，搅拌均匀后晒干备用。

🔧【小技巧】>>>>

→ 发霉或生虫的饲料，可以用塑料袋密封包装后放入冰箱或冰柜中，在-10℃以下低温冷冻3~5h，或放入烘干箱里，在50℃左右温度下烘30min，能杀死害虫。

■■■ 三　养殖方式

黄粉虫养殖可用盆养，也可用箱养。

1. 盆养技术

盆养黄粉虫，适合家庭小规模的养殖。

（1）饲养设备　各种盆、盒、箱均可，要求容器完好，无破漏，内壁光滑，虫子不能爬出。若内壁不光滑，可以在内壁贴一圈光滑的胶带，防止虫子爬出。另外需要 40 目、60 目、100 目的网筛。

（2）虫种 挑选个体大、活动力强、色泽鲜亮的幼虫虫种。

（3）虫种饲养 在盆中放入饲料，同时放入幼虫虫种，密度为普通脸盆放 0.3～0.6kg 虫种，饲料约为虫重的 10%～20%，其他容器据此增减。每隔 3～5 天，饲料吃完后，用筛子筛出虫粪，再继续投喂，并适当加喂一些蔬菜及瓜果皮类等含水饲料。

（4）交配产卵 虫种饲养过程中，若发现幼虫化蛹，应及时将蛹挑出分别存放，并保证环境温度在 24～30℃，环境相对湿度在 60%～75%。8～15 天蛹羽化变为成虫后，要把羽化的成虫放入产卵盆（或箱）中，在盆或箱底铺一张报纸，纸上铺约 1cm 厚的饲料，将成虫放在饲料上。25℃时，约 6 天后成虫开始交配产卵。黄粉虫为群居性昆虫，密度达到 1 500～3 000 头/m²，才能保证其正常交配产卵。

产卵期间，应投喂较好的精饲料，还要适量投喂菜叶、瓜果皮等含水饲料。

⚠ **【注意】** 黄粉虫成虫产卵期间，关键措施是严格控制环境相对湿度在 60%～75%。湿度太高，会造成饲料和卵块发霉变质；湿度太低，又会造成雌虫排卵困难，影响产卵量。

（5）孵化 成虫将卵产于纸上。黏附着卵的报纸，称为"卵纸"。卵纸粘满虫卵后，应该及时更换。若更换不及时，成虫会吃掉虫卵。取出的卵纸按日期分盆孵化。温度 24～34℃时，约 6～9 天就会孵出幼虫。刚孵出的幼虫十分柔软，尽量不要用手触动，避免其受伤。

（6）幼虫饲养 将初孵幼虫集中放入饲养盆中，投入为虫重 10%～20% 的饲料饲养。经 15～20 天后，待盆中饲料基本吃完，再投喂菜叶、瓜果皮等，投入量以 1 个夜间能吃尽为度，第 2 天将未吃尽的菜叶、瓜果皮挑出，然后用 100 目网筛筛除虫粪。以后每隔 3～5 天筛除 1 次虫粪，同时投喂 1 次饲料和 1 次菜叶、瓜果皮，饲料投入量以 3～5 天能被虫子吃尽为宜，菜叶、瓜果皮等投入量以 1

个夜间能吃尽为度。在夏季，要防止盆内湿度过大，造成饲料霉变、虫子死亡。

如此喂养，只要管理周到，饲料充足，每千克虫种可以繁殖50～100kg鲜虫。

2. 箱养技术

箱养适合大批量生产黄粉虫。箱养设备主要有养虫箱、集卵箱和筛子等。

（1）养虫箱 为无盖长方形木箱，内壁打磨光滑，以宽胶带纸贴1周，防止虫子爬出（图5-5）。

图5-5 黄粉虫养虫箱

（2）集卵箱 由1个养虫箱和1个卵筛组成，养虫箱内壁也以宽胶带纸贴1周，防止虫子爬出；卵筛底部钉铁窗纱，将卵筛放入养虫箱内，就形成一个底部悬空的集卵箱（图5-6）。将繁殖用成虫放在卵筛中饲养，雌虫可将产卵器伸至卵筛纱网下产卵，就避免了卵被成虫吃掉，也减少了饲料、虫粪等对卵的污染。

图5-6 黄粉虫集卵箱

第五章 黄鳝活饵料的采捕和养殖

111

（3）筛子 养殖期间，需要用到网目分别为100目、60目、40目的不同规格的筛子和普通铁窗纱，用于筛除虫粪和分离虫子。筛子内侧也要粘贴胶带，防止逃虫。

（4）养殖场的设施与饲养技术 黄粉虫最好在室内养殖。将养虫箱横竖相间叠放在一起，或用角铁、钢筋焊接或竹木搭架多层饲育床（同蚯蚓养殖饲育床），将养虫箱放在饲育床上饲养。饲育床之间要留出饲养人员通行的空间。养殖期间，要控制室温在25～30℃，相对湿度在60%～75%，避免阳光直射，保持黑暗通风，防鼠、防鸟、防壁虎等敌害生物。冬季如要继续繁殖生产，需加温到20℃以上。黄粉虫耐寒性较强，越冬虫态一般为幼虫，在－15℃也能不被冻死。所以，冬季若不需要生产，可让虫子进入越冬虫态，不需要加温。

黄粉虫饲料应营养丰富，组分合理，蛋白质、维生素和无机盐充足。喂养时，除投喂一般饲料外，在长至5mm以上时，可适量投放一些菜叶和瓜果皮等多汁饲料。投喂时，将菜叶等洗净晾至半干，切成约1cm²的小片，撒入养虫箱中。投入量一次不能过大，以6h内能吃完为度。隔两天喂1次，夏季可适当多喂一些。幼虫化蛹期应少喂或不喂多汁饲料。

饲料基本吃完时应及时将虫粪筛除，投放新的饲料。一般3～5天筛1次虫粪，投入1次饲料。每次投入的饲料量约为虫重的10%～20%，也可在饲喂过程中视黄粉虫的生长情况适时调整饲料投入量，以3～5天吃完为宜。

筛除虫粪时应注意筛网的型号。一般幼虫3龄前用100目筛网，3～8龄用60目筛网，10龄以上用40目筛网，老熟幼虫用普通铁窗纱。

> ⚠️ **【注意】** 在投放菜叶、瓜果皮等多汁饲料前，应先筛出虫粪，避免虫粪粘在饲料上，腐烂、变质后造成污染。

（5）病虫害的防治 黄粉虫很少得病。但如果饲养期间，密度过大，湿度过大，粪便过多，饲料变质，也会造成幼虫患病。表现为：排黑便，身体发黑、逐渐变软，还会传染其他虫子，若不及时处理，会造成整箱虫子死亡。

另外，一些肉食性昆虫和螨类也会危害黄粉虫，不仅吃黄粉虫卵，还会咬伤刚蜕皮的幼虫和蛹，污染饲料。这些害虫主要包括赤拟谷盗、锯谷盗、扁谷盗类、粉螨、肉食螨、麦蛾、谷蛾及各种蟥类。

因此，在饲养过程中应综合防治病虫害。选择生活能力强、不带病的虫种；饲料无污染、无霉变；饲料加工前应经过曝晒或低温、高温消毒，以杀死虫卵；保持适宜的环境湿度；饲养场及设备应定期喷洒杀菌剂和杀螨剂；及时筛除虫粪及杂物；严防鼠、鸟、壁虎等有害动物进入饲养场；发现害虫或霉变，及时处理，避免蔓延传播。

第五节 蝇蛆养殖

生产蝇蛆速度快、产量高，是获得蛋白饲料较佳方式。蝇种可提前从野生苍蝇中选择驯化或直接从养殖场引进。

一 简单养殖法

苍蝇对荤腥、腐臭的东西特别敏感。盛夏是黄鳝摄食生长的高峰期，也是苍蝇产卵繁殖的高峰期。这时候，把土豆、糠麸烫熟后搅拌成糊状，加入不能吃的鱼头、死鱼、猪下水、羊下水、鱼卵、鱼肠子等发臭的动物尸体或下脚料，浇上点尿，然后把这些引诱物放到黑色瓦罐或黑瓷缸里，引诱苍蝇来产卵。黑瓦罐、瓷缸吸光升温快，不长时间里面就爬满蛆了。把黑瓦罐里的东西倒在簸箕里，掺上些煤渣灰轻轻搅拌一会儿，然后斜放，蛆很快就爬出。将爬出来的蛆扫到盆里，洗干净就可以喂黄鳝了。也可以直接把一排排的黑瓦缸架在黄鳝池水面上，长出蛆后，蛆能自行爬出瓦罐，落到水里喂黄鳝，引诱物也可以用豆渣混合少量人粪尿做成。隔一段时间，要更换一下瓦罐里的引诱物，让它一直散发出荤腥、腐臭的味，引诱苍蝇繁殖新蛆（图5-7）。

在寒冷的冬天，在温室内养苍蝇产卵喂黄鳝，也非常经济实用。

图 5-7　蝇蛆的简单养殖

笼养

基料

二　快速养殖法

1. 培育工具

一般家用的塑料盆，塑料桶等容器均可，要求四壁比较光滑，盆的深度大于 25cm 即可。

2. 吸卵物的选取、配制及蝇卵的收集培育

有新鲜鸡粪的，可以直接用新鲜鸡粪作为吸卵物收集蝇卵。方法是：将新鲜鸡粪放于盆中，若鸡粪太干可适当洒上少许水，将其放在野外苍蝇较多的地方，应尽可能放在阴凉处，若阳光太强可适当使用遮阴物进行遮阴。一般放入后立即就会有苍蝇积聚产卵，每天下午将吸卵物取回，可见鸡粪的表面有成块成块的苍蝇卵块，应

立即用加水拌湿的玉米粉或麦麸盖上，以保证卵块有一定的湿度，第2天即可见到很多小蛆，可将其分盆进行饲养。

饲养的方法是：先在盆内铺上约3～5cm厚的加水拌湿的麦麸或玉米粉，然后将已孵化的小蛆连同吸卵物一起放到麦麸或玉米粉的上面，小蛆吃完吸卵物后会迅速钻入下面的饲料中，在正常的情况下，3天即可长成大蛆。拌水后的粉料容易发热，因此盆内粉料的厚度不要太厚，以防蝇蛆热死。养蛆盆应放在温度为25～30℃、光线稍暗的地方较好。

用于养蛆的粉料可直接使用也可发酵后再使用，发酵可以提高蝇蛆的产量。一般直接使用1kg麦麸大约可以产蛆0.5kg，1kg玉米粉可产蛆0.4kg。发酵后大约可将产量提高1倍。这种方法适合小规模养殖。

⚠️ 【注意】 使用米糠生蛆，必须进行发酵，且米糠必须是质量较好的米糠，完全是稻谷壳的"米糠"生蛆效果不好。

三 一般养殖法

1. 准备粪料

育蛆的粪料可以选用新鲜猪粪、鸡粪等动物粪便，然后加入切成小段的植物秸秆或锯末，泼洒上酵母液（1∶300），发酵7～10天。发酵时加入秸秆是为了增加粪料的透气性，否则蛆不易入粪。

发酵期间，粪料要勤翻动，并适当泼洒酵母液，使灭菌、除臭更彻底。

发酵好的粪料在使用前2～3天，应取出先放在地面晾晒，让粪料中残余的氨气等有害气体散失掉。

2. 种蝇来源

最好从科研部门或专业养殖场购进无菌家蝇作种。也可用野生家蝇灭菌后作种。方法是：将含水10%的粪料放入玻璃瓶中，然后放入即将变成蛹的蛆，当蛆变成蛹后，用0.1%的高锰酸钾溶液浸浴2min，再挑出个大饱满的蛹放入种蝇笼中，羽化后就是无菌种蝇。

3. 养蝇产蛆

一般用笼养法。种蝇笼用铁丝和密铁丝网或筛绢做成，笼的一边开一个小洞，能用于伸手进去，进行各种操作。小洞口套一个长的黑布套，平时系住，伸手进笼时，从布套里伸进去，可防止种蝇飞出（图5-8）。

图5-8　养蝇笼

种蝇笼放在育蛆室内，保持室温 27～29℃。每个种蝇笼内放 1 小杯清水，1 个料盘，盛种蝇饲料。种蝇饲料用红糖、奶粉或蛆浆加水配成（比例为 1:0.2:10），再加入适量的苍蝇催卵素后倒入料盘让海绵吸足料液，供苍蝇采食。再放 1 个料盘，里面盛着养蛆粪料，作产卵缸，引诱雌蝇产卵；还要放 1 个普通玻璃罐头瓶，作羽化缸，用做种蝇换代时羽化种蝇。

每天上午将料盘、清水杯取出清洗，换上新鲜饲料和水，然后把产卵缸拿出，倒出里面的卵和粪料，更换上新的粪料，放回原处。每批种蝇自羽化起 20 天就要淘汰，需再换新种蝇。换新种蝇时，网罩和笼架用 5% 的来苏水浸泡消毒后，清水冲干净再用。

4. 蝇蛆培育

小规模养殖蝇蛆，可以在室内建若干砖石的育蛆池。池面积 $1m^2$，池壁高 12cm 即可。池内粪料铺 3～6cm 厚，夏天不超过 3cm。从种蝇笼取出卵后，按每千克粪料 5g 卵的比例把带卵粪料堆入蛆池。

大规模养殖蝇蛆，适宜用多层育蛆架培养。多层育蛆架同蚯蚓多层培育架，架上放盆、箱进行立体养殖。一般 8～12h，就能孵化出蛆。刚孵出的小蛆久久不能钻入粪中，为避免其到处乱爬，缩短育成时间，应用猪血拌麸皮饲喂。

培育期间，保持温度 22～25℃，湿度 70%～80%。粪料入蛆池 4 天后要注意观察粪料湿度，及时浇洒清洁水，保证湿度在 80% 左右。粪料利用 6～7 天后应更换新粪料，换出的蛆粪加入酵母液发酵后便可拿去饲喂蚯蚓。

🎋【小技巧】>>>>

➤ 早上检查蛆房空气，若氨气较重，应用酵母菌液兑水喷洒蛆池以外的地方

四 蝇蛆的分离

蝇蛆的分离方法有以下两种。

① 大小盆分离法：在一个较大的盆内放上一个较小的塑料盆，将小盆的四壁用湿布抹湿，将蛆、料倒入小盆中，厚度为 2cm 左右，蝇蛆即会沿盆壁爬入大盆中。

② 光分离法：将一个孔眼大小能够让蛆钻过的筛子放于塑料盆上，将蛆料先加水拌湿后倒入筛中，厚度以不超过 2cm 为佳。将其置于阳光下，由于蝇蛆有怕光的习性，会拼命往下钻而掉入下面的盆中。

建有养蛆房的，可将其倒入育蛆池，让其自动分离。

培育蝇蛆后的废料仍然是非常优良的饲料，可直接用于养鸡、养猪、养鱼等，而且动物非常爱吃。

五　利用和加工

蝇蛆的利用有两种方法。一是活体直接利用。把蛆收集起来后直接投喂经济动物。由于采用了酵母这一有效微生物，养殖出来的蛆已基本不带有害病菌，所以不必经过消毒就可直接投喂。水产动物可投喂 100% 的鲜蝇蛆。二是加工成蝇蛆粉，作为配合饲料的原料。蝇蛆粉的加工方法是：把收集到的干净蝇蛆放进开水中烫一下，蝇蛆马上就死掉了，然后把它晒干粉碎即可。

第六节　其他活饵料的养殖

一　河蚬的养殖

河蚬又名黄蚬，栖息于我国大多数地方的沟汊、湖泊以及废旧池塘中，可以在池塘中饲养，作为肉食性鱼类的优良饵料（图5-9）。

图 5-9　河蚬

河蚬栖息在水底，把身子埋在泥里面生活，它喜欢干净嫩绿、肥沃适中的水体，主要吃鱼虫子、桡足类、藻类等浮游生物和有机碎屑。

养殖河蚬，可以在旧河道、旧池塘、沟汊、港湾中，这些地方的水不清不浊，肥瘦适中。一定不能在稻田里养殖河蚬，因为河蚬对农药、化肥敏感，而稻田免不了要喷药、施肥。还可在池塘中养殖，但不能混养青鱼、鲤鱼，可以少量混养草鱼、鲂鱼、鲢鱼。养蚬的地方水底最好是泥沙，而不是淤泥。

蚬种可以到湖泊、河道里去捞，也可以买。选择 800～2 000 个/kg 大小的蚬，壳有光泽，薄而肉多，体圆，不要壳厚的老蚬。放养密度是每亩 60～130kg。平时少投喂些豆饼粉、麦麸、米糠，也要适量施些鸡粪、猪粪等有机肥，保持水体有一定肥度，培养浮游生物，供河蚬食用。

养殖期间可以随时将河蚬用铁耙耙出来，洗干净，碾碎或敲破壳后喂黄鳝。也可以几个月后集中采捕，然后储藏起来，作为黄鳝的饵料。

二　孔雀鱼的养殖

孔雀鱼又叫百万鱼、彩虹鱼，现在观赏鱼市场上经常有卖的。它是一种小型热带鱼，雄鱼比雌鱼小，但比雌鱼漂亮，雄鱼的尾很长，而且五彩斑斓。孔雀鱼是卵胎生，繁殖时直接生小鱼，而不是产卵。1 条雌鱼每次产 10～80 尾小鱼，1 年可产好多次。每条小鱼仅用 3 个月就能达到性成熟，参与繁殖，繁殖力惊人。孔雀鱼食性广，可吃鱼虫子、馒头渣、米糠、麦麸、鱼粉、孑孓等，非常适合大量养殖，用来小规模饲养肉食性鱼类。如果是在庭院中缸养或建水泥池养黄鳝，可以考虑养一部分孔雀鱼作为活饵料（图 5-10）。

图 5-10　孔雀鱼

孔雀鱼养殖最好是在室内，因为孔雀鱼是热带鱼，水温低于 16℃就会冻死，所以冬天要有加温设备。养殖可以用脸盆、水缸、水族箱，也可以在室内建小水泥池。水深不超过 0.5m，每升水加食盐 0.5 ~ 1g。然后每平方米放养孔雀鱼雄鱼 20 尾，雌鱼 50 尾。每天投喂 1 次，食物以活的鱼虫子最好，如果没有活鱼虫，可以用一些能漂在水面上的颗粒细小的食物作为饵料，如米糠、麦麸、鱼粉等，要记住每天勤捞漂在水面上的剩饵。夏天每隔 3 天、春秋季每隔 1 周、冬天每半个月换水 1 次，每次换掉容器水的 1/3 ~ 1/2。养殖两个月后，就可以用小捞海捞取孔雀鱼喂黄鳝了。

三 小金鱼的养殖

金鱼的怀卵量大，而且鱼苗成活率高，产量大，适合为家庭小规模养黄鳝作鲜活饵料。一般 10 对金鱼产卵孵化出的鱼苗，少量掺杂喂一些精料，就能保障 100 条鳝种从 40g 长至成鱼阶段的活饵供给。

根据饲养的黄鳝量，于 3 月中旬到市场上去买回相当数量成对的金鱼种鱼，买回来后放到水族箱或小水泥池里，加强喂食，每天喂两次鱼虫子，有时少喂些鱼粉、豆饼等精料。每周换 1 次水，每次换掉池水或水箱水的 1/3 ~ 1/2。到 5 月中旬气温达到 20℃ 左右时，将池水保持在 20 ~ 30cm，把成对的雌雄金鱼放入池中。用经过食盐溶液浸泡消毒的棕榈皮或细纱网作为鱼巢，散放入池中。几天后在黎明时分就能看到金鱼成对追逐产卵，卵都产在细纱网或棕榈皮上，把它们拿出来放到盛满清水的水缸、水箱或水泥池中孵化。每天早晨换掉一半孵化器中的水，保持水质清新和溶氧充足。几天后，鱼苗孵出。刚孵出的鱼苗不吃不动，无力游泳，3 天后，才可以自由觅食。这时可以用纱布包住煮熟的蛋黄，轻轻搓碎，放入水中再用手轻捏，使蛋黄随水化开，如此喂金鱼苗，大约喂 1 周。以后，改喂鱼虫子，每天用捞鱼虫的网到小河沟、废池塘的浑水中去捞鱼虫子回来喂金鱼苗，大约两个月后就可以捞金鱼喂黄鳝了。随着黄鳝的长大，金鱼苗也不断长大，正好适合黄鳝的摄食口径。

第六章
黄鳝的病害防治

第一节 黄鳝生病的原因

黄鳝生病的原因很多，有自然环境的影响，有人为的因素，有生物因素，还有黄鳝自身的因素（图6-1）。

图6-1 黄鳝生病的原因

一 自然因素

自然环境包括水温、水质、底质、水位等方面。黄鳝对水温变化比较敏感，水温高于30℃，黄鳝会感到不舒服，就会钻到泥里去；水温低于10℃，就会停止吃食。即使在适温范围内，如果水温急剧变化，骤升或骤降，也会引起黄鳝得病，尤其是鳝苗、鳝种，在放养时温差超过3℃，就会引起死亡。黄鳝养殖时如果长期水位过高，黄鳝不得不经常游到水面上呼吸空气，从而影响正常摄食、生活，容易引起疾病；如果鳝池底质过硬，而水质又不好，黄鳝既不习惯恶劣水质，又无法钻入底质中躲避恶劣环境，也容易得病；若底质中含有机物过多，会引起病原菌和寄生虫孳生，也会使黄鳝得病；而像工农业废水、废气、废渣污染水体，造成溶氧量大幅度降低，pH发生骤变等水质的变化，更能引发黄鳝的疾病。

二 人为因素

人为因素主要包括：一是放养不当，放养苗种较弱，规格有大有小，放养密度过大，致使黄鳝生长过程中，身体壮的、大的黄鳝抢食抢得快、抢得多、长得快，而小的、身体弱的黄鳝吃不上食，身体越来越弱，抵抗力弱，容易得病，还容易被大黄鳝咬伤吃掉；二是饲养管理不当，平时喂了发霉变质的饲料、饲料投喂过多或施肥过多引起水质恶化，饲料投喂过少引起黄鳝相互撕咬，为了防治疾病而施用药物不当等，也会引起黄鳝得病；另外，运输或放养过程中不小心引起的机械损伤，使病原菌更易侵入。

三 生物因素

生物因素是指微生物、寄生虫的侵入和敌害生物的伤害。其实生物因素的作用首先开始于环境的恶化及人为因素的影响，只要我们注意了环境的保护和饲养管理，可以有效预防微生物、寄生虫的侵入和敌害生物的伤害。

四 黄鳝自身的因素

内在因素则是指黄鳝身体的强弱和品种的抗病力。

第二节 黄鳝的疾病预防措施

黄鳝的疾病防治要树立"以防为主,防重于治,无病先防,有病早治"的原则,在黄鳝养殖的每个环节全面注意一切能引起疾病的发生和传播的因素,既要注意消灭病原,切断传播与侵袭途径,又要提高鳝体的抗病力,采取综合性的预防措施,才能达到预期的防病效果。

一 养殖场应符合防病条件

1. 水源水质清洁,充足,不带病原及有毒物质;水的理化性质应适合黄鳝生活的要求,并不受自然因素及人为污染的影响。

2. 养殖场周围无潜在污染源,土壤内无有害物质残留。

3. 养殖池或网箱设计合理,塘内科学种植水草,满足黄鳝喜暗、喜静、喜温暖的生活习性要求;每个池塘有独立的进排水口,无过塘水,避免疾病相互传播。

4. 池塘、稻田内的各种螺蚌应彻底清除,避免传播寄生虫病;放养黄鳝前,池塘、稻田、网箱等养殖设施要充分消毒。

二 增强鳝体抗病力

1. 严把苗种关

优良的苗种是黄鳝养殖成功的关键。最好选择自繁自育或国家级、省级良(原)种场的优质苗种,野生鳝种要选择低温季节笼捕的无伤、无病、无残且活动力强的鳝种。

2. 运输要精心

黄鳝虽然运输容易,但运输环节也是最容易导致黄鳝受伤、缠绕的环节。因此运输前事先做好运输计划,避免中间出现时间耽搁,运输过程一定要精心。不在高温季节或烈日曝晒下长途运输;运输前要暂养、消毒;运输容器要加冰块降温;运输时黄鳝中放入几条泥鳅,防止黄鳝相互缠绕;运输过程中装卸要轻巧,切忌粗暴操作,避免黄鳝受伤等。

3. 科学放养

黄鳝在食物缺乏时有自相残杀的习性，因此放养时要根据食物条件选择适宜的放养密度。同一池塘要放养同一来源、规格相同的苗种。放养前苗种要消毒，放养时间要合理，尽量提早放养，使黄鳝有较长的恢复期。当水温回升时，要提早开食，尽快使黄鳝进入正常生长，增强抗病力。

4. 做好"四定"投饵

"定点、定时、定质、定量"的科学投饵是通过饲养管理，增强鳝体对致病因素的内在抵抗力的关键。"四定"投饵不是机械的一成不变，而是要根据季节、天气、水质和鳝鱼的摄食情况、活动情况，灵活调整，使黄鳝吃饱吃好，又不剩饵。

5. 加强水质、水温管理

保持水质清新，水色"肥、活、嫩、爽"，溶氧量在 4mg/L 以上，各种理化因子在黄鳝的适应范围内；及时通过换水、搭建遮阳棚、提高水生植物的覆盖面积或减小黄鳝密度等措施防暑；通过提高水位确保水面不结冰、搭建塑料棚或放干池水后在泥土上铺盖稻草等措施防寒，尽量保持水温在 20 ~ 28℃；保持鳝池内和池边漂浮性水生植物及攀援性植物的合理密度，既要为黄鳝提供安全、隐蔽的环境，又不能妨碍黄鳝正常的摄食生长；还要及时捞出死亡的植物，避免其在池内腐败，败坏水质；在池中搭配放养少量泥鳅以活跃水体；每池放入数只蟾蜍，以其分泌物预防鳝病。

6. 加强日常管理

重视早、中、晚、凌晨的巡池检查，每天投饵前检查防逃设施，发现漏洞，及时修补；随时掌握黄鳝摄食情况，及时捞出残渣剩饵，清洗消毒食台，并调整投饵量；观察黄鳝的体色和活动情况，发现异常，应及时处理；勤除杂草、敌害、污物；查看水色，测量水温、pH、氨氮、硫化氢等理化指标，闻有无异味，及时换水或加注新水；晚上巡塘，注意捕捉青蛙，堵蛇洞；在池边栽一些荆棘，防止狗、猫靠近水边；在池周竖几个稻草人，避免翠鸟叼鱼；做好巡池日志，为科学防治疾病提供第一手资料。

1. 彻底清塘消毒

池塘中的螺蛳是许多寄生虫的中间寄主，所以要彻底清除养殖池底泥中的螺蛳；塘泥是许多鱼类致病菌和寄生虫的温床，黄鳝放养前要挖除过多淤泥，用生石灰或茶籽饼、漂白粉彻底清塘，消灭泥中的寄生虫卵或包囊。药物清塘后应特别注意，无论使用哪一种药物清塘，鳝苗、鳝种入塘前都应先放"试水鱼"，确定药物毒性已消失才能放苗种。

2. 建立严格消毒制度和隔离制度，实行"四消"

为防止疾病蔓延，养殖期间应建立严格的消毒制度，实行"鳝体消毒、饵料消毒、食台消毒、工具消毒"四消制度。

"鳝体消毒"即鳝种运输前、放养前、分塘换池前均应消毒。

"饵料消毒"即鲜活饵料投喂前应在沸水中放置 3~5min，或用 20mg/L 的高锰酸钾溶液浸泡 15min，或用 5% 的食盐溶液浸泡 5~10min 消毒，再用淡水漂洗后投喂。

"食台消毒"即食台每天应用 100g/m³ 的高锰酸钾溶液浸洗 30min，或用 5% 的漂白粉溶液浸洗 20min 消毒，清水洗净后再用。

"工具消毒"即生产中所用的工具应每周 2~3 次定期消毒。可用 100g/m³ 的高锰酸钾溶液，浸浴 30min；或用 5% 的食盐溶液，浸洗 30min；或用 5% 的漂白粉溶液，浸浴 20min。发病池的用具应单独使用，或经严格消毒，清水洗净后再用。

在养殖过程中，应加强巡池检查，一旦发现病鳝，应及时隔离饲养，并用药物处理，千万不要对病鳝采取听之任之的态度。

3. 流行季节前的药物预防

夏、秋两季疾病流行季节，药物预防十分关键。鳝池周边环境每半个月，就用漂白粉或优氯净、强氯精、来苏水溶解后喷洒消毒 1 次；饲养期间池塘水每 10 天用漂白粉（含有效氯 28%）1g/m³ 全池遍洒，或生石灰 30~40g/m³ 化浆全池遍洒，两者交替使用；为防止寄生虫病的发生，每 15 天用 0.5g/m³ 敌百虫晶体或 1% 的阿维菌素 0.05g/m³ 溶化后全池泼洒；定期拌饵投喂氟哌酸、磺胺嘧啶、左旋咪唑或甲苯咪唑、伊维菌素等，预防各类细菌性或寄生虫疾病的发生；在黄鳝饵料中不定期添加保肝素、电解多维、鱼肝油等，增强黄鳝的抗病力。

4. 消灭寄生虫的寄主及带病原的动物

许多鸟类是黄鳝寄生虫的终宿主，青蛙、水蛇、水老鼠等更是黄鳝及其苗种的大敌，因此饲养期间要想方设法阻止这些动物接近池塘或养殖区，有效地切断疾病的传播途径。

第三节 黄鳝的主要疾病及治疗

一 防治疾病的常用药物

防治黄鳝疾病常用的药物有生石灰、漂白粉等清塘消毒类药物，青霉素、链霉素等内服外用的西药以及五倍子中草药。

1. 清塘消毒类药物

（1）生石灰 为白色或灰白色硬块。主要成分是氧化钙（CaO），遇水变成氢氧化钙 $[Ca(OH)_2]$，并放出大量热量，能杀死水中大多数细菌、病毒、寄生虫和敌害生物。主要用于清塘消毒和防治细菌性病症，还能调节水的酸碱度，改善底质。生石灰长期放置在空气中，易吸水失效，所以消毒时要用块状的。不要长时间存放，应现用现买。

一般带水清塘用量为：水深 1m，每亩 150kg；干池清塘用量为每亩 75kg；平时鱼塘鱼病预防时的消毒用量为：水深 1m，每亩 20kg。

（2）漂白粉 灰白色粉末，它是次氯酸钙、氯化钙和氢氧化钙的混合物，遇水后分解产生次氯酸和次氯酸根离子，次氯酸再分解产生强烈杀菌能力的初生态氯，能杀死致病细菌、病毒和其他有害生物。用于主治细菌性疾病、清塘和浸泡消毒，一般有效氯含量为 25%~30%。敞开放置时容易受潮失效，因此应该密封保存在阴暗干燥的地方，防止阳光照射和受潮，用时现配。不能用棉织品装载此药。漂白粉能烧伤手，大量使用时应该戴手套。一般带水清塘用量为：水深 1m，每亩 15kg；干池清塘用量为每亩 5kg；平时鱼病防治时的用量为 $1g/m^3$ 水体。

（3）**优氯净** 又名二氯异氰脲酸或二氯异氰脲酸钠，属有机氯消毒剂，为白色粉末或颗粒，有氯臭。有效氯含量不小于56%。性质稳定，水溶液呈弱酸性。有较强的杀菌作用，同时还有杀藻、除臭、净化水质作用。该药物不能用金属容器盛装。一般全池泼洒给药，可用于防治各种细菌性疾病以及池塘、工具和食台消毒。

（4）**强氯精** 又名三氯异氰脲酸（TCCA），白色粉末，有效氯含量不小于85%，杀菌力比漂白粉大100倍，是高效、广谱和安全的消毒剂。对细菌、病毒、真菌和芽孢都有较强的杀灭作用，可用于清塘、浸泡、泼洒消毒和防治疾病。应在通风干燥的地方密封保存，储存稳定，药效不散失，塑料袋装有效期比漂白粉长4~5倍，施后不残留，对人畜无害。一般带水清塘用量为：水深1m，每亩2.5~3kg；干池清塘用量为每亩1~2kg；一般鱼病预防用量为：水深1m，每亩100~150g。

（5）**二氧化氯** 又名复合亚氯酸钠，被世界卫生组织指定为A1级消毒剂。水产用二氧化氯是指二氧化氯复合消毒剂，是高效低毒消毒剂，对水产动物低毒，对细菌、病毒、真菌、藻类，甚至原虫都有一定杀灭作用。杀菌能力不受水体的pH、氨氮以及有机物浓度影响，但杀菌效力随温度的降低而减弱。其持效性长，为有机氯消毒剂的10倍以上。该药物广泛用于防治鱼、虾、蟹、鳖、蛙的各种细菌性疾病以及池塘、工具和食台消毒。

低浓度的二氧化氯气体或二氧化氯溶液在自然状态下会分解，水产用二氧化氯受潮后两个组分反应易发生爆炸，所以应保存于通风阴凉干燥处。其溶液勿用金属容器配制，且不与其他消毒剂混合使用。喷洒消毒操作时不可吸烟，不要逆风操作。

（6）**二氯海因** 又名二氯二甲基海因，为白色结晶性粉末、略带氯臭。有效氯含量在68%以上，性质稳定。该药物对弯杆菌、大肠杆菌、嗜水气单胞菌、黏细菌、丝状细菌、柱状黄杆菌等细菌有很强的杀灭效果，同时对病毒和真菌也有一定的作用。该药物稀释后，随配随用，不可久放。勿与酸、碱物质混存或混合使用，不能用金属容器盛装。该药物全池泼洒，可用于防治各种细菌性疾病和预防病毒性疾病以及池塘、工具和食台消毒。

（7）溴氯海因 又名溴氯二甲基海因，含氯消毒剂，略带氯臭。为白色粉状固体，有效氯含量在92%以上，一般制成有效溴含量为8%的产品用于水体消毒。其性质稳定，微溶于水，其抗菌作用强于二氯海因，其杀菌效果是二氯海因的8～10倍。该药物具有缓释功能，能根据水质情况自动调节，使水体长时间保持抑菌状态。该药物稀释后，随配随用，不可久放。全池泼洒给药，防治对象同二氯海因。

♂【小技巧】>>>>

> 生石灰是碱性药物，漂白粉、优氯净、强氯精、二氧化氯、二氯海因、溴氯海因等均为含氯消毒剂，都是酸性药物。这两类药物都是清塘消毒药物，养殖期间作为泼洒消毒药使用时，要轮番交替使用，保持池塘pH在7.0左右，不要长期使用一类药物。

（8）聚维酮碘（含有效碘1%） 又名聚乙烯吡咯烷酮碘、皮维碘、PVP-I、碘附，含有效碘10%。毒性小、药效高、杀菌谱广，内服外用皆可，作用持久。对各种细菌、病毒、真菌、芽孢有显著的杀灭效果。其效力不受水的硬度、有机物、pH的影响。

该药物宜密闭遮光保存于阴凉干燥处，勿与金属物品接触，勿与季铵盐类消毒药物混合使用。该药物用于防治病毒性疾病，尤其用其水溶液对受精卵及鱼种浸浴，可预防病毒性疾病的发生，此外还用于池塘、鱼种、工具和食台消毒以及防治鱼类细菌性疾病。

（9）四烷基季铵盐络合碘 又名双链季铵盐络合碘。该药物刺激性小、毒性小，对细菌、病毒、真菌、浮游动物、藻类、虫卵均有强烈的杀灭作用，其作用比含氯消毒剂强2～3倍，且消毒效力持续2周，不会产生抗药性。全池泼洒给药，用于防治鱼类由细菌、病毒、芽孢等引起的疾病及杀灭藻类，还可用于池塘、鱼种、工具和食台消毒。

该药物勿与碱性物质同时使用；勿与阴离子表面活性剂混用；使用后注意池塘增氧；勿用金属容器盛装。

（10）食盐 无色或白色结晶性粉末，无臭，味咸，在水中易溶。作为消毒剂、杀菌剂和杀虫剂，低浓度对病原体的生长有刺激作用，是病原体生长所必需的；而在较高浓度时，则能抑制病原体生长。使用时浸泡时间长短视水温高低、鱼耐受情况而定。用其水溶液浸浴常可防治各种淡水鱼寄生虫病，如嗜子宫线虫病、因原虫寄生而引起的多种皮肤或鳃的寄生虫病以及由水霉引起的真菌性疾病和某些细菌性疾病。常用量为 2.5% ~ 4%，此外添加食盐可提高抗生素的疗效。

（11）高锰酸钾 紫黑色晶体，易溶于水，阳光下易失效，所以应装于棕色玻璃瓶中。常用来进行鱼体、工具和食台的浸泡消毒以及治疗三代虫、指环虫、锚头蚤等寄生虫病。溶液要现用现配，使用时必须背光，而且要使用清澈、含有机质少的水溶解。一般浸泡用量为 $20g/m^3$。

（12）硫酸铜 又名蓝矾，为透明深蓝色结晶或粉末。常用于浸泡鱼体、工具、饵料台和防治寄生虫病。能杀死水藻、水螅，消除青泥苔。常与硫酸亚铁合用。用时要严格按安全浓度计算用量。溶解药物的水温不要超过 60℃，否则容易失效。不能在铁盆、铁桶中溶解。

（13）敌百虫 一种高效低毒的有机磷杀虫剂。常用浸泡、泼洒方法杀灭水体中、黄鳝的体表寄生虫。一般用敌百虫晶体。该药物应置于透风、阴凉和干燥的地方，密封保存。不要用金属容器配制和喷洒药液。

⚠️ **【注意】** 敌百虫对黄鳝有一定的毒害作用，因此使用敌百虫晶体防治黄鳝寄生虫病时，应严格控制用量。泼洒、浸浴用量为 $0.5 ~ 0.7g/m^3$。用量低于 $0.5g/m^3$ 不能杀死寄生虫，高于 $0.8g/m^3$ 会使黄鳝慢性中毒。

2. 内服外用西药

（1）碘 紫黑色结晶片或颗粒，有臭味。可以杀死细菌、芽孢、霉菌和病毒，常用碘液来涂抹鱼体表面伤口，防治疾病。要在棕色瓶中密封保存。

（2）亚甲基蓝 又叫美蓝。生产上多用三水合亚甲基蓝，为深绿色有光泽的柱状结晶或深褐色粉末，易溶于水和醇。常涂抹在鱼身体表面伤口处，预防水霉病的发生。要在阴暗处用棕色瓶密封保存。

（3）磺胺嘧啶 又名 SD、磺胺哒嗪，为白色或类白色的结晶粉末，无臭，无味，在水中几乎不溶。该药对大多数革兰氏阳性菌及阴性菌均有抑制作用。其吸收快，排泄较慢，有效浓度可维持较长时间，副作用和毒性小。内服给药，可用于防治细菌性疾病。

【小技巧】>>>>

磺胺类药物与普鲁卡因、丁卡因、可卡因阿 m 洛卡因配伍抗菌效果减弱。与甲苯磺丁脲、苯妥英、甲氧苄啶（TMP）配伍抗菌效果增强。与碳酸氢钠并用可增加排泄吸收，可降低对肾脏的不良反应，减少结晶析出及减少对胃肠道的刺激。磺胺类药物与甲氧苄啶（TMP）同用，第 1 天药量加倍。

（4）磺胺间甲氧嘧啶 又名 SMM、制菌磺、DS-36，白色或类白色的结晶或粉末、无臭，几乎无味。该药抗菌力是磺胺药中最强的，口服后吸收良好、血浓度高，维持时间长，是一种较好的长效磺胺。与氯磺丙脲配伍，抗菌效果增强。遇光色渐变暗，需遮光、密封保存。口服给药，可用于防治鱼类细菌性疾病。

（5）磺胺甲基异噁唑 又名 SMZ、新诺明、新明磺，为白色结晶性粉末，无臭，味微苦。是一种较理想的抗菌药物。常使用 SMZ-TMP 复方制剂，又称复方新诺明。本品大剂量应用宜与碳酸氢钠同服，既可增加其排泄，又可增加其吸收，还能降低对肾脏的不良反应，以及减少对肠道的刺激。不能与酸性药物同服，如维生素 C 等。内服给药，可用于治疗鱼类多种细菌性疾病。

（6）磺胺二甲异噁唑 又名 SIZ、磺胺异恶唑、菌得清，为白色或微黄色的结晶或粉末，无臭，味苦。抗菌活性在日常用磺胺药中居第三位，次于磺胺间甲氧嘧啶和磺胺甲基异噁唑。内服给药或肌肉、腹腔注射给药，可用于治疗鱼类多种细菌性疾病。

（7）**青霉素**　白色粉末，常作针剂用，用于防治亲鱼产后感染和运输受伤感染。运输苗种时，在水中适当添加此药，可以稳定水质，提高运输成活率。

（8）**土霉素**　黄色结晶或粉末，难溶于水，盐酸土霉素则溶于水。土霉素为广谱抗生素，细菌对它的耐药性产生很慢，生产上多用浸泡法和拌饵料投喂法防治细菌性疾病。

（9）**金霉素**　盐酸金霉素为黄色结晶，微溶于水。广谱抗菌药，生产上常用金霉素软膏涂抹鱼受伤的伤口，以防细菌感染。也可用于浸泡，遇光易失效，应避光、密封保存在干燥低温的地方，冷藏更好。

（10）**氟哌酸**　又名诺氟沙星，是第三代喹诺酮类抗菌药物。类白色或淡黄色结晶性粉末，无臭，味微苦。杀菌作用较强，抗菌谱较广，对大多数鱼类病原菌都具有高度抗菌活性。不易产生耐药性，与同类药物之间不存在交叉耐药性。口服给药，可用于防治多种细菌性疾病。

（11）**氟苯尼考**　又名氟甲砜霉素，属氯霉素类抗生素，但不引起骨髓抑制或再生障碍性贫血。白色或类白色结晶性粉末，无臭。本品市场有售氟苯尼考注射液及含量为 10% 的氟苯尼考粉剂。口服给药，可用于防治细菌性疾病。长期使用本品（超过 10 天）易引起鱼类厌食及死亡。

（12）**庆大霉素**　又名正泰霉素，微黄色粉末，广谱抗生素，易溶于水。口服、药浴给药，主要用于防治细菌性疾病。应在阴暗处用有色瓶密封保存。

⚠️ **【注意】** 磺胺类药物和抗生素长期使用容易使鱼体产生耐药性，也易产生残留。因此不能随意使用，也不能长期使用同一种药物。治疗疾病时应就诊于正规鱼病诊所，确诊病情后，对症下药。

（13）**盐酸左旋咪唑**　又名左咪唑、左旋噻咪唑，白色或类黄白色结晶粉末，无臭，味苦。应密闭保存。在水中极易溶解，但在碱性水溶液中易分解失效，不宜与碱性药物配伍使用。该药是广谱、高效、低毒、副作用较低的驱虫药。内服给药，可治疗鱼类体内寄生虫病。

(14) 甲苯咪唑 又名甲苯达唑，白色或微黄色结晶性粉末，无臭，无味，在水中不溶。需遮光密封保存。本品对多种体内寄生虫有快速的杀灭作用。它不但能驱除成虫、幼虫，且能抑制虫卵发育。口服给药，可治疗体内寄生虫病。

3. 鱼常用中草药（图 6-2）

苦楝　　　　　　车前草

地锦草　　　水辣蓼　　　菖浦

图 6-2　鱼类常用中草药

（1）大蒜 最常见的治疗鱼病的植物，有止痢、杀菌、驱虫和健胃的作用。常用来防治肠炎病。用法是捣碎后拌饵投喂。

（2）五倍子 中草药，常用熬煎过的五倍子浓液全池泼洒或拌饵投喂以治疗细菌性疾病。全池泼洒用量为 $10g/m^3$ 水体，用水浸泡后煎熬成汁再泼洒。

（3）地锦草　又叫奶浆草、血见愁、铺地红，匍匐性的草本植物，它在房前屋后、路边、桑树林中都有生长。地锦草含有黄酮类化合物及没食子酸，有强烈抑菌作用，抗菌谱广，并有止血和中和毒素作用。常用于防治肠炎和烂鳃病，可单用，也可以和铁苋菜等合用。

（4）水辣蓼　又叫辣蓼草，中草药，一年生草本，喜欢生长在潮湿的地方，全国都有分布，在夏、秋季节采集。叶内有杀菌、杀虫作用的多种化合物，常用于治疗肠炎和烂鳃病。

（5）菖蒲　多年生草本，全草有一种特殊香气，喜欢生长在沼泽、沟旁、湖边。含芳香油 1.5% ~ 3.5%，油中主要含细辛脑、细辛醇、丁香酚、甲基丁香酚及半萜烯类等物质，有杀菌作用，主要用于治疗肠炎。

（6）苦楝　落叶乔木，喜欢生长在旷野、村边、路旁。苦楝含有川楝素，有杀虫作用。根皮、枝叶作为药用，可防治车轮虫病、隐鞭虫病和锚头蚤病等。

（7）车前草　又叫车轮菜、钱贯草、蒲杓草，我国许多地方都有生长，荒地湿坡上常见。性凉味甘，能消炎解毒，主治肠炎、皮炎、疮疡肿毒等。

二　禁用药物

我国规定禁止在食用鱼类预防和治疗疾病时使用的药物见表 6-1。

表 6-1　禁用渔药

药物名称	别名	药物名称	别名
地虫硫磷	大风雷	酒石酸锑钾	—
六六六	—	磺胺噻唑	消治龙
林丹	丙体六六六	磺胺脒	磺胺胍
毒杀芬	氯化莰烯	呋喃西林	呋喃新
滴滴涕	—	呋喃唑酮	痢特灵

（续）

药物名称	别　名	药物名称	别　名
甘汞	—	呋喃那斯	P-7138（实验名）
硝酸亚汞	—	氯霉素（包括其盐、酯及制剂）	—
醋酸汞	—	红霉素	—
呋喃丹	克百威、大扶农	杆菌肽锌	枯草菌肽
杀虫脒	克死螨	泰乐菌素	—
双甲脒	二甲苯胺脒	环丙沙星	环丙氟哌酸
氟氯氰菊酯	百树菊酯、百树德	阿伏帕星	阿伏霉素
氟氰戊菊酯	保好江乌、氟氰菊酯	喹乙醇	喹酰胺醇
五氯酚钠	—	速达肥	苯硫哒唑氨甲基甲酯
孔雀石绿	碱性绿、盐基块绿、孔雀绿	己烯雌酚（包括雌二醇等其他类似合成雌性激素）	乙烯雌酚、人造求偶素
锥虫胂胺	—	甲基睾丸酮（包括丙酸睾丸素、去氢甲睾酮以及同化物等雄性激素）	甲睾酮、甲基睾丸素

⚠ 【注意】　过去常用于防治水霉病的孔雀石绿，用于防治细菌性疾病的红霉素、氯霉素、呋喃唑酮、磺胺脒、环丙沙星，用于饲料添加促生长的喹乙醇，用于治疗小瓜虫病的甘汞、醋酸汞、硝酸亚汞等现在均为禁用的渔药。

三　防治黄鳝疾病的给药方法

1. 注射法

用注射法给鳝体注入青霉素、链霉素或庆大霉素，是最直接有效的治疗方法，又快又好。但是鳝鱼太小、个体数量多，注射起来很麻烦，尤其是需要把鳝鱼从水中捞起来，不但费时、费力、费工，而且容易使鱼受伤。所以生产上一般很难使用，仅用于亲鱼催产和亲鱼产后预防治疗。

2. 涂抹法

涂抹法就是把药直接抹在伤处，这种方法与注射法有同样的困难，一般只对个别受伤的个体使用，在运输后放养前，或拉网选种时，以及亲鱼产后受伤等情况下使用。

3. 浸浴法

又叫浸泡法或药浴法。这种方法是把药物配制成较高浓度的水溶液，盛在小型容器中，把鳝鱼放在溶液中浸泡一段时间，以达到消毒杀菌灭虫的目的。这种方法经常使用，但需严格控制溶液浓度、水温和浸泡时间。在较大的池塘中采用时，可将鳝鱼拉网池的一角圈起来，然后在鳝鱼密集处泼洒较高浓度的溶液。在网箱中操作时，可先将网箱四周用塑料薄膜围起来，然后在网箱中泼洒高浓度溶液，浸泡一段时间后，撤去塑料薄膜，把网箱内水换掉即可。

4. 全池泼洒法

全池泼洒法是把药物用水溶解稀释后，在养鳝鱼池里均匀泼洒，使池水在较长一段时间里保持一定的药物浓度，以杀死致病生物。这种方法简单易行，所以最常使用。又因为用这种方法需要的药量比较大，所以常使用一些廉价的药物，像生石灰、敌百虫、漂白粉等。

⚠️ 【注意】 全池泼洒法用药，药效受水中温度、有机物多少、酸碱度及底质的影响很大，需要根据这些环境条件酌情增减药量。

5. 拌饵投喂法

又叫内服法或口服法。就是把药物拌在饵料中，喂给鳝鱼吃。通常使用的是一些低毒药物。采用此法时药物要碾成粉状，才好拌在饵料中，以免较大量药物积在一起，造成鳝鱼吞食中毒；确定药量要事先估计鳝鱼摄食的饵料量，所以误差较大。

6. 挂篓挂袋法

就是把药物装在竹篓或布袋里，然后悬挂在食场或鳝鱼经常活动的地方，袋里的药物不断溶解流出，使这一地方持续保持较高药物浓度，达到杀虫灭菌目的（图6-3）。这种方法安全、有效、而且用药量少，在生产中经常使用。但是有些药物有异味，挂食场附近会影响鳝鱼的摄食量，投饵时应适当减量。

图6-3　挂袋（篓）消毒法

四　主要疾病的诊治

1. 水霉病

黄鳝水霉病是由于鳝体机械损伤后被水霉（真菌）感染所致。患水霉病的主要原因是受伤。可能是运输过程中受伤，也可能是放养大小相差很大的鳝种，引起大吃小而受伤，或是放养密度太大、饵料不足，引起互相争食而受的伤。诊断时，能看见鳝鱼的伤口中长出棉花一样的白毛，所以又叫"白毛病"。黄鳝卵也经常得这种病。

该病易发生在低温的春、秋和冬季，越冬囤养尤其易患此病，此病初期症状不明显，数天后病患部位长出棉絮状菌丝，并迅速扩展，形成肉眼可见的白毛，甚至骨肉糜烂。病鳝离穴独游，食欲不振，最终消瘦或并发细菌性疾病死亡。

预防措施：①运输、拉网过程要轻拿轻放，避免鳝体受伤。②放养鳝种规格要一致，放养密度不宜过大。③投喂的饵料要新鲜充足。④鳝种放养前认真消毒。⑤黄鳝卵用0.4‰的食盐和0.4‰的小苏打混合溶液浸泡10~15min，连续两天，以后每天10L水放1g高锰酸钾配成溶液，在孵化容器中泼洒，直到鳝苗将要孵出为止。

治疗方法：①每立方米水体用食盐和小苏打各400g溶化泼洒；或用0.3g亚甲基蓝兑水泼洒，连续3天。②用5%的碘酒或1%的高锰酸钾涂抹伤处。③3%~5%的食盐溶液浸浴病鳝3~5min，连续2~3天。

2. 腐皮病

腐皮病是由细菌引起的疾病。病鳝行动无力，常将头伸出水面，久不入穴。体表局部出血发炎，出现黄豆或蚕豆大小的红斑，继而出现圆形或椭圆形坏死和糜烂，先露出白色真皮，尤其是腹部两侧最严重，皮肤充血发炎的红斑形成显明的圆形轮廓。所以又叫"打印病"。严重时，表皮腐烂成漏斗状的小洞，可见骨骼和内脏，尾巴常常烂掉。这是目前黄鳝养殖中危害最严重的疾病。

预防措施：①经常换水，保持水质清新。②每隔半个月，全池泼洒1次生石灰，用量为水深1m，每亩10kg。

治疗方法：①外用药物。全池泼洒漂白粉1~1.2g/m³水体；或用溴氯海因0.1~0.2g/m³水体化水遍洒；或用明矾0.05g/m³水体兑水泼洒，2天后用生石灰10g/m³水体兑水泼洒。或用五倍子2~4g/m³水体全池遍洒。②同时口服药物。用磺胺间甲氧嘧啶拌饵投喂，用量为每100kg黄鳝用药2g，每天1次，5~7天为1个疗程。③也可以在鳝池内投放癞蛤蟆，如果刚刚开始患病，可以取1~2只癞蛤蟆，剥去头皮，用绳子系着池子里拖几遍，1~2天内可以痊愈。

3. 烂尾病

烂尾病是由嗜水气单胞菌感染引起的。此病在高密度养殖的黄鳝池或运输途中容易发生。发病初期，病鳝尾部充血发炎，随着病情发展，尾部肌肉出现坏死腐烂，严重时尾部烂掉，尾椎外露，病鳝反应迟钝，头常露出水面，严重影响黄鳝的生长。烂尾病不易致死，但易并发其他细菌性疾病。

预防措施：①改善鳝池水质和环境卫生可减少此病的发生。运输过程中防止鳝体受伤，放养密度不宜过大等也能避免此病发生。②在运输黄鳝的容器内放置水草、压冰块，每6~10kg鳝鱼加放8万单位的庆大霉素，降低鳝鱼密度。

治疗方法：①药浴。用金霉素25万单位/m³水体浸浴患病黄鳝；或用二氧化氯10g/m³水体药浴病鳝5~10min。②外用药物。用溴氯海因0.2g/m³水体全池泼洒。③口服药物。每100kg黄鳝用5g土霉素拌饵投喂，每天1次，连喂5~7天；或每100kg黄鳝用2g磺胺药物拌饵投喂，每天1次，连喂5~7天。

4. 赤皮病

赤皮病多为在捕捞或运输过程中造成外伤，然后由细菌感染引起。病鳝游泳无力，反应迟钝，头常伸出水面。病鳝体表有大小不一的红斑，呈点状充血发炎，鳝体两侧和腹部尤为明显，呈块状，又叫"擦皮瘟"。有时黄鳝上下颌及鳃盖也充血发炎。在病灶处常继发水霉菌感染。病情严重时，表皮溃烂，并向肌肉延伸，形成不规则小洞，殃及内脏器官而死亡。此病春末夏初高发。

预防措施：①捕捞和运输过程中，精心操作，避免黄鳝受伤。②黄鳝放养前，充分消毒，挑出受伤个体；用生石灰彻底清塘消毒，杀灭病原体，保持水质良好，防止污染。③鱼病流行季节，每隔半个月用漂白粉1g/m³水体或聚维酮碘1g/m³水体，全池泼洒。

治疗方法：①外用药物。用漂白粉1g/m³水体或聚维酮碘1g/m³水体，全池泼洒；或用溴氯海因0.1~0.2g/m³水体化水遍洒；或用明矾0.05g/m³水体兑水泼洒，2天后用生石灰10g/m³水体兑水泼洒；或用五倍子2~4g/m³水体全池遍洒。②口服药物。

每100kg黄鳝5g用磺胺嘧啶拌饵投喂，每天1次，6天为1个疗程；或每100kg黄鳝用2g磺胺间甲氧嘧啶，连喂5~7天；③药浴和涂抹。将病鳝放入2.5%的食盐溶液中浸浴10~20min；或用2.5%~10%的食盐溶液洗擦患部。

5. 黄鳝梅花斑病

黄鳝梅花斑病的发病原因不详，据症状分析可能是由细菌感染引起。长江流域一带常发生在7月中旬。起初黄鳝背部出现黄豆或蚕豆粒大的黄色圆斑，有时呈弥漫性出血，逐步发展至体侧、全身。

预防措施：在鳝池内放养几只癞蛤蟆。

治疗方法：将1~2只癞蛤蟆剥去头皮，用绳子系好，在鳝池内反复拖几遍，1~2日后可痊愈。

6. 黄鳝肠炎病

黄鳝吃了变质的饵料，或是饱一顿饥一顿，吃食不规律引起的生理功能紊乱，细菌乘机侵入肠道引起肠炎病。病鳝反应迟钝，萎靡不振，体色发黑，肛门红肿，腹部膨大。轻压腹有黄色或红色黏液从肛门流出，剖检可见肠道发炎充血，肠壁淤血（彩图9）。

预防措施：保持水质良好，不喂变质饵料，坚持"定时、定位、定质、定量"投喂，并及时清除残渣剩饵。

治疗方法：①用磺胺类药物拌饵投喂，用量为每100kg黄鳝用5g磺胺甲基异噁唑，每天1次，5~7天1个疗程。②用大蒜拌饵投喂，每100kg黄鳝每天用30g大蒜拌饵，分两次投喂，连喂3~5天。③土霉素拌饵投喂，每100kg黄鳝用5g土霉素，每天1次，5~7天1个疗程。④用地锦草，水辣蓼或菖蒲熬汁拌饵投喂，用量为每100kg黄鳝用1kg草药，每天1次，3天1个疗程。同时，用漂白粉1g/m³水体，或聚维酮碘1g/m³水体，或溴氯海因0.2g/m³水体全池遍洒。

7. 黄鳝疖疮病

又称瘤痢病，是由疖疮型点状气单胞菌引起的疾病。发病初期，病鳝背部肌肉组织发炎，不久出现脓疮，内有含血的脓液。

预防措施：①黄鳝放养前，充分消毒，挑出受伤个体；用生石灰彻底清塘消毒，杀灭病原体，保持水质良好，防止污染。②鱼病流行季节，每隔半个月每立方米水体用1g漂白粉或1g聚维酮碘，全池泼洒。

治疗方法：①漂白粉全池泼洒，用量为$1g/m^3$水体。②10%的食盐溶液浸浴病鳝3～5min。

8. 黄鳝出血病

从患病症状来看，出血病是由气单胞菌引起的病症。也有人认为该病是由于苗种质量不好，或天气因素如连续低温、降雨等恶劣环境，造成黄鳝抵抗力降低，而使细菌、病毒交叉感染的一种综合征。疾病发生时，病鳝白天头部露出水面（俗称打桩），晚上身体部分露出水面（俗称上草），体表布满大小不一的绿豆或蚕豆大小的出血斑，有时呈弥漫性出血，腹部尤其明显，逐步发展到体侧、背部（彩图10）。病鳝呼吸频率加快，不停地按顺时针方向绕圈翻动。肛门红肿，外翻出血，口腔内有血样黏液，倒置能自行流出。解剖后可看到病鳝内脏器官出血，特别是肝脏损坏较严重，腹腔、肠道充血。此病多发于盛夏至初秋季节。

这种病的症状和病变大致可分为急性型、亚急性型、慢性型3种。

预防措施：①放养黄鳝时，用生石灰对鳝池彻底消毒。②养殖期间采用综合预防措施。③发现病鳝、死鳝及时捞出，防止传染其他鳝鱼。

治疗方法：①药浴。用$10g/m^3$的二氧化氯或漂白粉溶液，浸浴病鳝5～10min；②外用药物。用漂白粉$1g/m^3$水体或聚维酮碘$1g/m^3$水体或溴氯海因$0.2g/m^3$水体，全池泼洒。③发病严重时，要采取综合治疗。彻底换水后，用溴氯海因$0.2g/m^3$水体或漂白粉$1g/m^3$水体，全池泼洒。此后，每天坚持用$10kg/m^3$水体生石灰泼洒，傍晚换水。同时，每100kg黄鳝用2g磺胺间甲氧嘧啶或10g磺胺嘧啶拌饵投喂，每天1次，连喂6天为1个疗程；或者按每100kg鳝鱼，用4kg水花生、0.5kg大蒜头，捣烂加少量食盐，拌入蚯蚓糊，每天投喂两次，连喂3天；或每100kg黄鳝用1kg大黄拌饵投喂，每天1次，连用3～5天；或每100kg黄鳝用2.5g氟哌酸拌饵投喂，连续5天，第1天药量加倍。④将1～2只癞蛤蟆剥去头皮，用绳子系着，在池中反复拖行，有治疗作用。

> ⚠️ **【注意】** 治疗黄鳝的细菌性疾病，要注意用药的连续性，按疗程治疗，用药 1～2 次和间断用药，都达不到治疗效果。

9. 黄鳝球虫病

球虫病由球虫寄生引起。球虫又叫艾美虫，主要寄生在黄鳝肠道内。病鳝外表症状不明显，严重者腹部膨大，肠管内壁形成许多灰白色的瘤状肿块，溃烂产生白色脓液，并蔓延至其他内脏器官，主要危害成鳝，用显微镜能看到艾美虫的卵囊（图6-4）。

图6-4　球虫卵囊

预防措施： 放养黄鳝前，彻底清塘消毒，杀灭艾美虫和虫卵。每年 4～8 月，用 0.5～0.7g/m³ 的 90% 敌百虫晶体，或 0.05g/m³ 的 1% 阿维菌素，全池泼洒，每月 1～2 次，可预防该病发生。

治疗方法： 每 100kg 黄鳝用 0.2～0.3g 左旋咪唑或甲苯咪唑，连喂 3 天。

🔧 **【小窍门】** >>>>

> 用杀虫药物如敌百虫、硫酸铜等，全池泼洒用药，会消耗池水中的溶氧，因此泼洒后要开增氧机增氧。

10. 黄鳝锥体虫病

这种病是由锥体虫寄生引起的。由于锥体虫寄生在黄鳝血液里，使黄鳝饮食不振，精神委靡，所以表现为身体瘦弱，生长不良，常将身体裸露于水生植物上昏睡。血液涂片在显微镜下可见锥体虫虫体（彩图 11、图6-5），颤动快，移动慢。

预防措施：彻底清塘，消灭中间寄主水蛭。每年 4～8 月，用 0.5～0.7g/m³ 的 90% 敌百虫晶体，或 0.05g/m³ 的 1% 阿维菌素，全池泼洒，每月 1～2 次，可预防该病发生。

治疗方法：一旦得病，无有效治疗方法，但可以尝试①用硫酸铜和硫酸亚铁（5:2）合剂浸浴病鳝 10min，用量为 7g/m³ 水体；②用 3%～4% 的食盐溶液浸浴 10min。③用鲜辣蓼 1kg/m³ 水体，加水小火煎成浓汁，煮沸后约 8min，取汁液放凉后，加入 1g/m³ 水体的漂白粉，均匀搅拌后全池泼洒。④用网片包若干包鲜菖蒲，均匀吊放在池塘水体中，7 天后取出。⑤用网片包若干包鲜柳叶，用量为 20～25g/m³ 水体，均匀吊放在池塘水体中，7 天后取出。

图 6-5　锥体虫

⚠ 【注意】　使用硫酸铜治疗黄鳝寄生虫病，最多只能使用两次，而且不能连续使用，中间要间隔 5～7 天，否则会对黄鳝产生危害。可用鲜菖蒲、辣蓼和柳叶替代。柳叶对黄鳝也有危害，要严格控制用量，且浸泡时间不能超过 7 天。

11. 黄鳝颤动隐鞭虫病

这种病是由颤动隐鞭虫寄生在黄鳝血液中引起的，危害不大，但严重感染时，可引起鳝鱼贫血，身体瘦弱，生长不良，常将身体裸露于水生植物上昏睡。血样涂片，显微镜下可见到虫体（图 6-6）。

预防措施：预防以彻底清塘为主。

治疗方法：一旦得病，无有效治疗方法。可以试用治疗锥体虫病的方法。

12. 黄鳝棘头虫病

黄鳝最常见的寄生虫病之一，是由隐藏新棘虫（图 6-7）寄生在黄鳝前肠肠道里，引起黄鳝肠道充血发炎，部分组织坏死。大量寄生时引起肠梗塞，甚至造成肠穿孔，病鳝食欲减退，生长缓慢，严重时引起死亡。解剖肉眼可见前肠腔内有大量乳白色虫体（彩图 12），其吻部钻在肠壁组织内，致肠壁损伤发炎，或因大量寄生而引起肠梗阻，肠穿孔。镜检虫体吻小，可自由伸缩，吻钩排列成 4 圈，每圈有 8 个钩。

图 6-6　隐鞭虫

图 6-7　隐藏新棘虫
（左雄右雌）

预防方法：棘头虫病一年四季都能发生，要想避免得病，必须在鳝种放养前，彻底清塘消毒，杀死中间寄主劳氏中剑水蚤。每年 4～8 月，用 0.5～0.7g/m³ 的 90% 敌百虫晶体，或 0.05g/m³ 的 1% 阿维菌素，全池泼洒，每月 1～2 次，可预防该病发生。

治疗方法：①用敌百虫晶体 0.5～0.7g/m³，全池泼洒。②采用全池泼洒和内服法同时治疗，用敌百虫晶体 0.5～0.7g/m³，化水全池泼洒，同时每 100kg 黄鳝用 0.2～0.3g 左旋咪唑或甲苯咪唑和 2g 大蒜素粉或磺胺嘧啶拌饵投喂，连喂 3 天。③每 100kg 黄鳝用 30mg 伊维菌素拌饵投喂，每天 1 次，连用 3 天。④每 100kg 黄鳝用 1.2g

阿苯达唑，拌饵投喂，连喂 3 天；同时用敌百虫晶体 0.5 ~ 0.7g/m³，全池泼洒 1 次。

⚠ 【注意】 许多书籍和文章介绍使用敌百虫晶体拌饵投喂治疗黄鳝肠道寄生虫，本书认为最好不用敌百虫拌饵投喂黄鳝。因为敌百虫对黄鳝有较大危害，用量稍有偏差，就会造成黄鳝大批死亡。

13. 黄鳝毛细线虫病

毛细线虫主要寄生在黄鳝的肠道里，以头部钻入黄鳝肠壁黏膜，破坏组织，常在肠壁黏膜内形成胞囊状，使其他病原菌侵入肠壁，引起肠壁充血发炎。显微镜下能看到乳白色虫体，细长如线，长 2 ~ 11mm，尾稍钝圆（彩图 13、图 6-8）。大量寄生时，能充满整个肠道。病鳝离穴分散池边，极度消瘦，继而死亡。该病只在夏季发生。

预防措施： 鳝种放养前，彻底清塘消毒。每年 4 ~ 8 月，用 0.5 ~ 0.7g/m³ 的 90% 敌百虫晶体，或 0.05g/m³ 的 1% 阿维菌素，全池泼洒，每月 1 ~ 2 次，可预防该病发生。

图 6-8　毛细线虫

治疗方法： ①可以用贯众、荆芥、苏梗、苦楝树根皮等中草药合剂（比例为 10:5:3:5），按每 100kg 黄鳝用药总量为 500g，加入相当于总药量 3 倍的水煎至原水量的一半，倒出药汁，再按上述方法加水煎第二遍，将两次所煎药汁倒入饲料中拌饵料投喂，连喂 6 天。②每 100kg 黄鳝用 0.2 ~ 0.3g 左旋咪唑或甲苯咪唑，连喂 3 天。③每 100kg 黄鳝用 1.2g 阿苯达唑，拌饵投喂，连喂 3 天；同时用敌百虫晶体 0.5 ~ 0.7g/m³，全池泼洒 1 次。

14. 黄鳝的胃瘤线虫病

黄鳝最常见的寄生虫病之一,是由胃瘤线虫幼虫寄生于黄鳝的体腔内引起。胃瘤线虫幼虫以包囊形式附着于肠壁及肠系膜等处,病鳝外表无明显症状,停止摄食,逐渐消瘦,最后死亡。解剖可见黄鳝肠道发炎红肿,肉眼可见胃瘤线虫幼虫。少量寄生时危害不大。大量寄生会使黄鳝抗病力下降,导致其他疾病发生。该线虫的感染率和感染强度有随宿主体长的增加而增加的趋势,但有些波动,在体长 350～400mm 的黄鳝中其感染强度先有所下降,后又迅速增加,体长 450mm 以上的黄鳝其感染率降低。

预防措施:鳝种放养前,彻底清塘消毒。每年 4～8 月,用 0.5～0.7g/m³ 的 90% 敌百虫晶体或 0.05g/m³ 的 1% 阿维菌素,全池泼洒,每月 1～2 次,可预防该病发生。

治疗方法:①采用全池泼洒和内服法同时治疗,用敌百虫晶体 0.5～0.7g/m³,化水全池泼洒,同时每 100kg 黄鳝用 0.2～0.3g 左旋咪唑或甲苯咪唑和 2g 大蒜素粉或磺胺嘧啶拌饵投喂,连喂 3 天。②每 100kg 黄鳝用 30mg 伊维菌素拌饵投喂,每天 1 次,连用 3 天。③每 100kg 黄鳝用 1.2g 阿苯达唑,拌饵投喂,连喂 3 天;同时用敌百虫晶体 0.5～0.7g/m³,全池泼洒 1 次。

15. 黄鳝嗜子宫线虫病

由嗜子宫线虫病寄生引起。虫体血红色,寄生于鳝体肠道和腹腔中。该虫一般冬季出现在黄鳝体内,春季水温回升后,虫体迅速生长而使黄鳝发病,6 月左右后虫体死亡,故夏、秋季不发此病。

预防措施:鳝种放养前,彻底清塘消毒。越冬前,每 100kg 黄鳝用 0.2～0.3g 左旋咪唑或甲苯咪唑拌饵投喂,隔 1 天再喂 1 次,以驱除黄鳝体内寄生虫。

治疗方法:①采用全池泼洒和内服法同时治疗,用敌百虫晶体 0.5～0.7g/m³,化水全池泼洒,同时每 100kg 黄鳝用 0.2～0.3g 左旋咪唑或甲苯咪唑和 2g 大蒜素粉或磺胺嘧啶拌饵投喂,连喂 3 天。②每 100kg 黄鳝用 1.2g 阿苯达唑,拌饵投喂,连喂 3 天;同时用敌百虫晶体 0.5～0.7g/m³,全池泼洒 1 次。

16. 黄鳝黑点病

这种病是由茎双穴吸虫(新复口吸虫)后囊蚴(图 6-9)寄生

在鳝体皮下组织引起的。发病初期鳝尾部出现黑色小圆点，随后小圆点颜色逐渐加深并隆起，有的黑点进入皮下组织，蔓延至体表很多地方。病鳝烦躁不安，停止吃食，消瘦死亡。

预防措施：生石灰彻底清塘，消灭病源。清塘消毒，用硫酸铜 $0.7g/m^3$ 水体，全池泼洒杀灭复口吸虫中间宿主椎实螺，也可以用二氯化铜或醋酸铜 $0.7g/m^3$ 水体，全池泼洒。

治疗方法：目前尚无有效治疗方法。发现患病黄鳝及时隔离，并全池消毒。

图6-9　双穴吸虫后囊蚴

17. 黄鳝独孤吸虫病

该病是由鳗鲡独孤吸虫寄生引起的。独孤吸虫寄生在黄鳝的胃里，引起胃充血发炎，鳝体消瘦，生长缓慢。

预防措施：放养前彻底清塘消毒，消灭病原。每年 4～8 月，用 $0.5～0.7g/m^3$ 的 90% 敌百虫晶体，或 $0.05g/m^3$ 的 1% 阿维菌素，全池泼洒，每月 1～2 次，可预防该病发生。

治疗方法：每 100kg 黄鳝用 $0.2～0.3g$ 左旋咪唑或甲苯咪唑，连喂 3 天。

18. 黄鳝蛭虫病

水蛭俗称蚂蟥。在黄鳝养殖中，对黄鳝造成危害的主要是缘拟扁蛭（图6-10）。其个体小，较大的也仅有半粒绿豆大小。这种水蛭常以吸盘吸附于黄鳝的体表，以黄鳝前半部的躯体表皮最易吸附，并以吸取黄鳝血液和体液为食。大量吸附时造成黄鳝营养不良，体质瘦弱，还会引发细菌继发性感染，严重时可导致全池黄鳝死亡。

预防措施：放养前彻底清塘消毒，消灭病原。每年 4～8 月，用 $0.7g/m^3$ 的 90% 敌百虫晶体，全池泼洒，每月 1～2 次，以预防该病发生。

图 6-10　缘拟扁蛭

治疗方法：①用 0.7g/m³ 水体敌百虫晶体，制成溶液，浸浴病鳝 30min。②用高锰酸钾 10g/m³ 水体，制成水溶液，浸浴病鳝 30min。

19. 黄鳝发烧病

病鳝发烧时表现很不安，相互缠绕，头部膨胀，体表黏液脱落，池水黏性增加，严重时造成大量黄鳝死亡。据分析，可能是黄鳝在暂养和运输过程中，因为密度过大，体表黏液在水中积聚发酵，释放大量热量，使水温突然升高，水常呈暗绿色，具有比较强烈的臭味，溶氧量降低，引起发病。养殖期间，高密度养殖池偶有发生，多发生于 7~8 月，病鳝表现为烦躁不安，头胸部伸出水面挣扎摆动或互相缠绕，头部膨大，体表黏液积聚发酵，池水黏性增加，如不及时处理会造成黄鳝发烧暴死。

预防措施：①降低放养密度，经常换水，保持水质清新。②在黄鳝池中搭养少量泥鳅，以便吃掉残饵，去除底泥中过多有机质，防止黄鳝缠绕。③运输前，先经蓄养，勤换水，使黄鳝体表泥沙洗净，肠内排泄物排净，在气温23~30℃时，每隔6~8h，彻底换水1次，或每隔24h，投入30万单位/m³水体青霉素。④运输时，严格控制装运密度；套运泥鳅，利用泥鳅上下窜游，防止黄鳝相互缠绕；在运输箱中添加生姜片，每箱100g。

治疗方法：①更换池水，同时开增氧机增氧。②降低放养密度，及时换水。③用硫酸铜0.3g/m³，全池泼洒，以控制黏液发酵，缓解病情。

20. 黄鳝感冒病

黄鳝患感冒是由于短时间内水温急剧变化引起的。如运输、放养或换水时，由于人为操作不当，使前后水温差大于5℃，就会造成黄鳝感冒。发病时黄鳝皮肤失去原有光泽，严重者呈休克状态，有时会造成苗种的全部死亡。

预防措施：①运输、放养或换水时，注意前后水温差不要超过3℃。②使用井水或水库底层水换水时，要经过充分曝晒才能进入养殖池。③每次换水不可超过池水的1/3，综合状况好时或水体水质极度恶化时，可适当多换一些，但注水不可太急。④水泥池养殖黄鳝，下雨时最好用塑料布覆盖鳝池，防止雨水直接进入池中。因为水泥池面积较小，水位浅，下雨容易造成水温骤变。

治疗方法：目前尚无有效的治疗方法，主要应通过加强饲养管理来控制病情继续发展。①适当换水，调节好水质。②多投喂新鲜适口饲料，适当投喂一些青饲料，增强黄鳝体质。③在饲料中添加一些维生素C等，提高黄鳝抗应激能力。

⚠️ **【注意】** 黄鳝患感冒后可能引发其他疾病，因此患感冒病的鳝池，应仔细检查黄鳝的鳃，如果黄鳝的鳃受损，则应该尽快捕捞销售，以免造成更大的损失。

21. 黄鳝旋转病

又叫痉挛病。发病季节为春末夏初，密养、多腐草、水质恶化的鳝池易发生。过去认为是病鳝肠道中有棘头虫或线虫寄生。最近，已从病鳝脑中分离到细菌，人工感染能重复症状，细菌种类尚有待鉴定。也有人认为主要是鳝苗刚下箱后，由于天气、环境等突变造成应激反应强烈，降低鳝苗体质，使其生理代谢紊乱，影响黏液分泌，使鳝苗体表的皮肤失去抵抗力，导致病毒侵袭感染而发病。

病鳝没有食欲，头部扭曲，随之鳝体顺着头部方向以"O"和"S"（彩图14、彩图15）状旋转挣扎，尤其受惊动时明显狂窜或打转。鳝体比较僵硬，用手触动，体部可以短暂伸直，但很快恢复卷曲姿态，头部和尾部断续出现痉挛现象。体表没有明显外伤、溃烂，黏液少或无黏性黏液脱落。剖检可见，除肠内空无食物、或轻度充血外，无明显异样，心脏略增大，肝脏变黑。病情严重者2~3天后死亡，死亡率达10%~20%。病程长者可数月不死。

预防措施：①在运输中，保持水温稳定及水环境优良，以尽量减少环境变化造成的应激。②运输过程中，运输容器内放几尾泥鳅，防治黄鳝相互缠绕，可有效预防此病的发生。③为增强黄鳝体质，可将维生素C、复合多维等拌入饲料中投喂，以降低应激反应。

治疗方法：①病鳝单独浅水处理；全池泼洒生石灰，改善酸性环境；设置鱼巢，减少光和人为的干扰刺激。②根据有的病鳝早期能够摄食的特点，在饲料中增加维生素的含量。

第七章
黄鳝的捕捞、暂养和运输

第一节 黄鳝的捕捞

一 笼捕

鳝笼用竹子劈成的竹篾编成，也可以用白蜡条晾干后编制。鳝笼像个圆筒从中间折断呈直角。前面敞口的一段是前笼身，后面封口的一段是后笼身，后笼身后口用笼帽封住，前笼身的口有一个"八"字形倒须，在前后笼身相连的地方有两个"八"字形倒须。后笼身与笼帽用帽签插在一起（图7-1）。帽签也可以供穿蚯蚓用，引诱黄鳝入笼。鳝笼有大有小，长度、粗度都不一定，可以根据捕鳝地方的不同确定使用。

图 7-1　鳝笼

放置鳝笼要在傍晚，在池塘、稻田的浅水边上，水深不超过35cm处。在帽签上穿上蚯蚓或蚌肉，把前笼身平放在水底，用石头压住，后笼身上翘，笼帽露出水面10cm，以免进笼的黄鳝因为呼吸不到空气而闷死。几个鳝笼排成一排，前后间距5～10m，一个人能管理60多个。几天后，提起鳝笼收鳝就可以了。

二 诱捕

诱捕黄鳝要用竹篓，口径在20cm左右，竹篓口用两层纱布包住，在纱布中心开一个直径4cm的圆洞，在洞口缝一个10cm长的布筒，两端开口，垂向篓内。两层纱布中间放鲜蚯蚓、河蚌肉或小泥鳅，作为诱饵（图7-2）。

图 7-2 捕鳝竹篓

这种方法用在微流水的地方捕鳝最好。傍晚，在有黄鳝的水沟、稻田、池塘边浅水处放下竹篓，让它横躺，竹篓口顺着水流方向，底部少埋在泥中，纱布洞口稍高于水底，竹篓上部刚刚露出水面。黄鳝出洞觅食时，闻到蚯蚓或泥鳅的味道，就会被引诱钻入竹篓中，由于长布筒挡着，钻不出来。第2天，就可以来收鳝了。有时1篓1夜可以捉到数十条黄鳝。为了使诱捕效果更好，最好把菜籽饼或菜籽炒香碾碎，拌在用一点白酒焙香了的蚯蚓里面做饵，会有一种特殊的香味，对黄鳝很有诱惑力。

三　抄捕

抄捕黄鳝就是利用黄鳝喜欢在草堆下潜居的习性捕鳝。可以用三角抄网，也可以用普通网片。三角抄网如图7-3所示，呈三角形，由网身和网架构成。网身长2.5m，前口宽2.3m，后口宽0.8m，中央浅囊状，网身由细目网片制成。

这种方法适合在湖泊、池塘、沟渠使用。先用各种水草在浅水处堆成草窝，这样就会有黄鳝慢慢聚集在草下活动。3～4天后，用三角抄网伸入草下，缓缓铲起，连草带黄鳝一起抄入网中。拣出水草，黄鳝就落在网中了。拣出的水草还要堆成草窝，放在浅水中，继续引诱黄鳝进草窝。这种方法在大雨过后捕捞效果更好。

图7-3　抄网

在稻田中抄捕就不用这么麻烦了。捕捞前一天把田水慢慢放干，让田面晒硬，这样大多数黄鳝就会集中在沟、凼中，用抄网直接抄起就行。这种方法一般用在最后出塘上市进行的捕捞中，多在晚秋进行。

四　照捕

照捕很简单，就是利用黄鳝晚上出洞觅食，又惧怕强光的特点。在晚上，一人持手电筒，一人拿鳝夹，在水田、沟渠浅水处仔细寻找黄鳝。发现后，用手电筒照住黄鳝头部，黄鳝就会静躺在水底，一动也不动。另一个人很容易地就用鳝夹夹起，放入竹篓里。

鳝夹是用长1m，宽4cm的两片毛竹片做成，毛竹片一侧刻成圆滑的锯齿形，然后在距一端30cm的竹片中心打一孔，穿入粗铁丝，将两片毛竹片绑在一起，成剪刀状（图7-4）。

钓黄鳝要用钓竿，钓竿有软钩钓竿和硬钩钓竿两种。软钩钓竿用普通鱼钩，钩柄绑在尼龙线上，线长 1m，线另一端系在结实的竹竿上（图7-5）。硬钩钓竿不用鱼钩，用自行车辐条或者伞骨，一头磨尖，在火上烧红后弯成鱼钩形状，另一头直接绑在竹竿上。

图7-4 鳝夹子

图7-5 软钩钓竿

钓鳝要在4~9月间进行。钓黄鳝的关键在找鳝洞。黄鳝洞常在浅水靠近岸边的地方，洞口圆形，较光滑，大小比黄鳝稍粗。在钓钩上穿上蚯蚓段，发现鳝洞就把蚯蚓放进去，黄鳝十分贪吃，只要洞里有黄鳝，它就会一口吞下蚯蚓，往里拖。这时，如果感到手中钓竿一沉，赶紧往外拖竿，等黄鳝露出半边身子，另一手也要赶忙虚握拳头，伸出中指，卡住鳝身，两手配合，放入鳝笼，摘下钓钩。

钓黄鳝要在水质较好的水边找鳝洞。钓时用软钩不易探洞，但钓上后黄鳝不容易脱钩，而硬钩易探洞，却容易脱钩。可以把软钩的鱼钩柄用橡皮筋绑在钢丝上，做成软硬钩钓黄鳝。探洞时用钢丝带钓钩探洞，一旦黄鳝吞饵，马上放开钢丝，成为软钩，使黄鳝不易脱钩。

迫聚法捕鳝就是在黄鳝栖息水域的大部分地方洒上药，刺激黄鳝，让它只能逃到无药的一小块地方里，从而集中捕捞，简称迫捕。

迫捕用的药有茶籽饼、巴豆和辣椒。茶籽饼就是茶籽榨油后的渣子饼。茶籽饼含皂苷碱，对水生动物有毒，量大了会杀死水生动物，量少了能让它们逃窜。先把茶籽饼用急火烤热、碾碎，然后按每亩水田用5kg的量，装入桶中用5L沸水浸泡1h备用。巴豆的药性更强，每亩水田用250g，事先粉碎，调成糊状，用的时候再加15L水稀释，用喷雾器喷洒。辣椒要选最辣的七星椒、朝天椒，用开水泡1次，过滤后再泡1次，取两次过滤的水，用喷雾器喷洒，每亩水田用滤液5L。

迫捕法可分静水迫捕和流水迫捕两种作业。静水法一般用于不宜排灌的稻田。事先将高出水面的泥滩耙平，在田的四周，每隔10m堆一撮泥，低于水面5cm，泥堆上放一个有框的网或有底的浅箩筐，网上或箩筐上再堆泥，高出水面15cm。然后在田中洒药，黄鳝感到不适后，就会向田边游去，碰到水泥堆后，就钻进去。当黄鳝全部入泥后，就可以提网捕捉了。这种方法一般在傍晚洒药，第2天早晨提网。

流水迫捕法用于能排灌的稻田。先在进水口处，做两条长50cm的泥埂，两埂间距20～30cm，形成一条短渠，一端连在进水口上。这样水必须通过短渠才能进入稻田。在进水口对侧的田埂上开2～3处出水口。将药物洒在田中，用耙子在田中拖耙一遍，逼迫黄鳝出逃。如果田里有作物不能耙时，打开进水口，使水在整个田中流动，此时黄鳝会逆水游入短渠中，就能捕捉了。

七 草垫诱捕

草垫诱捕黄鳝一般在秋、冬季清池上市时采用。事前将当年收割的稻草和一些草垫子用5%的石灰液浸泡一昼夜以消毒，然后用清水冲洗干净，晾两天备用。当水温降至13℃以下时，将鳝池水逐渐放浅至6～10cm，当温度降至10℃以下时，彻底放干池水。干池前，在鳝池四周的底泥上面铺一层草垫，撒上5cm厚的消毒稻草，再铺上第二层草垫。彻底放干水后，再在上面铺10cm厚的干稻草。将大部分的鳝池泥埂、底泥裸露在冷风中，这样稻草层中的温度高于泥层，就能有效地将黄鳝引到草下或两层草垫之间。

收黄鳝时，不要一次性揭去稻草，收多少揭多少。揭草时，先在旁边铺一层塑料布，再揭去稻草，如果湿草中藏鳝较多，可将湿草垫一起移至塑料布上进行清理，同时将泥面上的黄鳝用小抄网捞起来。

第二节　黄鳝的暂养和运输

一　暂养

黄鳝生命力强，能吞咽呼吸空气中的氧气，活鱼运输并不困难，但是黄鳝体表有丰富的黏液，如果高密度运输，大量黏液脱落，会引起黏液发酵，水温升高，水质恶化，最后导致死亡。另外，如果黄鳝体内有残食、粪便，也容易造成运输事故，因此长途运输前有必要先暂养 1~2 天。

暂养黄鳝可以用网箱、水桶、水缸以及水泥池。其中以网箱最为便捷有效（图 7-6）。

⚠ 【注意】　暂养不能使用盛过油类而没有洗干净的容器。

1. 网箱暂养

网箱网目以不逃鳝为标准，网箱大小根据黄鳝多少而定。网箱顶部加网盖，防止黄鳝逃跑。将网箱设在池塘进水口附近或河道、水库浅水处有微流水的地方，能及时清除黄鳝排出的黏液和粪便。箱内放置水葫芦或水花生。暂养不能超过 72h，暂养期间要不断观察，捞出水面浮沫、污物。每隔 12h，在水中投放 1 次青霉素，用量为每立方米水体 25 万单位。暂养期间不投饵。

2. 水缸、水桶暂养

在水温 25~30℃时，黄鳝暂养量和加水量之比是 1:1，就是说如果 1 只水桶能盛 50L 水，就可以放入 20kg 黄鳝、加入 20L 水（不要盛满，以免逃鳝）。刚放入黄鳝时，由于黄鳝身上有很多污物、黏液，所以要不断换水，每半小时换水 1 次，换水 3~4 次后，污物基本洗掉，再每隔 4～6h 换水 1 次。每隔 2h，用手沿桶或缸边伸入缸底，翻动黄鳝 1 次，防止底层鳝鱼长时间受挤压而窒息死亡。当然，最好在水桶、水缸上设一个进水小口和一个排水小口，能一面进水，一面排水。暂养时间最好不要超过 72h。暂养期间不投饵。

图 7-6 黄鳝的暂养

3. 水泥池暂养

水泥池暂养宜保持水深在 20cm，每平方米放黄鳝 20kg，并在池内放少量泥鳅，泥鳅上下窜动，能避免黄鳝相互缠绕。每天换水 1 次，每隔 12h，在池内洒青霉素 1 次，用量为每立方米水体 30 万单位。暂养期间不投饵。

二 运输

1. 常用运输容器

黄鳝离水后能用口咽腔呼吸空气，离水后只要皮肤保持湿润就能较长时间不死，所以既能干运，又能水运。运输的容器多种多样。

（1）竹篓 用竹篾编成，形状上圆下方，内用绵纸桐油粘贴，以防漏水（图 7-7）。竹篓可大可小，南方市场有售但耐用性差，容易损坏。北方很少用它运黄鳝。如果在竹篓内侧挂油布袋，运输中更不易破损。

图 7-7　运鳝竹篓

（2）桶（图 7-8） 木桶、铁桶、塑料桶都行，可干运也可水运。不过桶有一缺点，就是深度较大，底层黄鳝容易受挤压而窒息死亡。

（3）蛇皮袋 目前使用较普遍，它透气性好，成本低，是干运黄鳝的好器具。不过蛇皮袋升温快，运输时最好用塑料袋装一些冰，放在几个蛇皮袋中间，防止升温过快。

(4) 铁皮箱或集装箱 自己做的铁皮箱和装鸡蛋用的塑料集装箱都是干运黄鳝的好工具。先在箱底铺上一层厚厚的湿润的水草，以利于鳝体保持湿润，再放上黄鳝，黄鳝装载量不宜过大，一般堆装厚度为 4~5cm。几个或十几个箱子叠起来绑在一起运输。有条件的地方，最好在最上面绑一只装冰块的箱子，既利于保持低温，融化的水滴下来又能保持箱内鳝体湿度。

(5) 活鱼运输车 这是长途运输活鱼的专用车辆，车上有充氧装置。运输黄鳝时，既要能使黄鳝头伸出水面吞吸空气，还要搞好防逃设施。

图 7-8　黄鳝水运工具

2. 运输注意事项

(1) 黄鳝运输前一定要暂养 因为黄鳝刚捕上来，身上有很多污物，体内也有残食和粪便，这些东西在运输过程中，无论是干运，还是水运，都影响黄鳝的呼吸，增大其耗氧量，增加死亡率，必须依前面讲的方法，先暂养 1~2 天。

(2) 运输密度要适宜 无论用哪种器具，用什么方法运输，密度都不要太大，一般要求不超过20cm的堆积高度。具体装载量根据实际运输情况而定，水温低，运输距离短，可多放，反之，则少放。铁皮箱每箱可装黄鳝 15~20kg，竹篓每篓可放 25~30kg（高77cm，上口直径 90cm，下边长 77cm 的大篓），市售蛇皮袋可装袋容量的

1/3 ~1/2，塑料袋可装袋容量的1/2。

（3）**保持适当水量** 干运时只要保持鳝体湿润就行，路途长时，有必要中途停车淋水。水运时水不能过多，过多会造成黄鳝呼吸困难，影响成活率，也会增加运输重量，因此运输加水量只需与黄鳝齐平或稍高就行。有条件时，中途要换水 1 ~2 次。

（4）**注意防逃** 黄鳝在运输过程中会发生逃逸现象，因此，要在容器上加罩。罩可以用窗纱或细目网布做成。

（5）**运输管理要精细** 运输宜在春、秋季进行。夏季高温时不宜运输，冬季也不宜运输，容易造成冻伤。若一定要在夏季运输，要选在清晨天气凉爽时进行，还要注意用冰块降温。集装箱干运可以把装黄鳝的箱叠绑在一起，最上面放 1 个空箱，装上冰块；蛇皮袋运，可以用塑料布包好冰块，放在几个蛇皮袋中间；铁皮箱运，就在每个铁皮箱内放几块用塑料布包好了的冰块。启运前要备足一切物品，如水、冰块、充氧泵等，运输过程中，一定要经常检查，发现异常情况，马上采取措施。

🎵【小技巧】>>>>

➤ 每个运输容器内放几尾泥鳅，让它上蹿下跳，防止黄鳝互相缠绕；在运输用的水中每立方米溶入 1 万单位青霉素，均可提高黄鳝的运输成活率。

附录　常见计量单位名称与符号对照表

量 的 名 称	单位名称	单位符号
长度	千米	km
	米	m
	厘米	cm
	毫米	mm
面积	平方千米（平方公里）	km²
	平方米	m²
体积	立方米	m³
	升	L
	毫升	mL
质量	吨	t
	千克（公斤）	kg
	克	g
	毫克	mg
物质的量	摩尔	mol
时间	小时	h
	分	min
	秒	s
温度	摄氏度	℃
平面角	度	(°)
能量，热量	兆焦	MJ
	千焦	kJ
	焦［耳］	J
功率	瓦［特］	W
	千瓦［特］	kW
电压	伏［特］	V
压力，压强	帕［斯卡］	Pa
电流	安［培］	A

参 考 文 献

［1］王武. 鱼类增养殖学［M］. 北京：中国农业出版社，2000.

［2］丁雷，焦洪超. 农家养黄鳝 100 问［M］. 北京：金盾出版社，2009.

［3］曾双明. 黄鳝泥鳅安全生产技术指南［M］. 北京：中国农业出版社，2012.

［4］黄辩非. 黄鳝的半人工繁殖与苗种培育技术［J］. 科学养鱼，2009（9）：6-7.

［5］杨代勤，等. 3 个品系黄鳝的繁殖力比较研究［J］. 水生态学杂志. 2009，2（4）：133-135.

［6］杨代勤，等. 黄鳝人工繁殖技术的初步研究［J］. 中国商办工业. 1999（10）：44-45.

［7］邴旭文. 黄鳝生态繁殖及养殖技术［J］. 科学养鱼，2007（11）：12-13.

［8］毕庶万，等. 黄鳝生物学和增养殖技术［J］. 现代渔业信息，1998，13（5）：16-19.

［9］王建美，等. 黄鳝生态繁殖试验［J］. 科学养鱼，2004（3）：33.

［10］董元凯，等. 黄鳝人工繁殖的研究［J］. 水利渔业，1989（5）：46-48.

［11］罗实亚，等. 黄鳝的人工生态养殖［J］. 养殖技术顾问，2012（8）：242-243.

［12］范富昌，等. 池塘网箱养殖黄鳝技术总结［J］. 水产养殖，2010（6）：20.

［13］洪生. 黄鳝、泥鳅套养效益好［J］. 农家顾问，2012（4）：50.

［14］罗法刚. 黄鳝网箱标准化养殖技术［J］. 现代农业科技，2012（13）：280-282.

［15］程国华，等. 静水无土生态养殖黄鳝技术［J］. 江西水产科技，2012（2）：30-31.

［16］陈彤. 黄粉虫养殖与利用［M］. 北京：金盾出版社，2000.

［17］何凤琴，等. 蝇蛆养殖与利用技术［M］. 北京：金盾出版社，2006.

［18］黄琪琰，等. 鱼病学［M］. 上海：上海科学技术出版社，1983.

ISBN：9787111457428

定价：25.00 元

ISBN：9787111449683

定价：19.80 元

ISBN：9787111512851

定价：29.80 元

ISBN：9787111510529

定价：29.80 元

ISBN：9787111467182

定价：19.80 元

ISBN：9787111480921

定价：25.00 元

ISBN：9787111454625

定价：16.80 元

ISBN：9787111423577

定价：25.00 元